ファイナンス・ライブラリー 10

入門 ベイズ統計学

中妻照雄 著

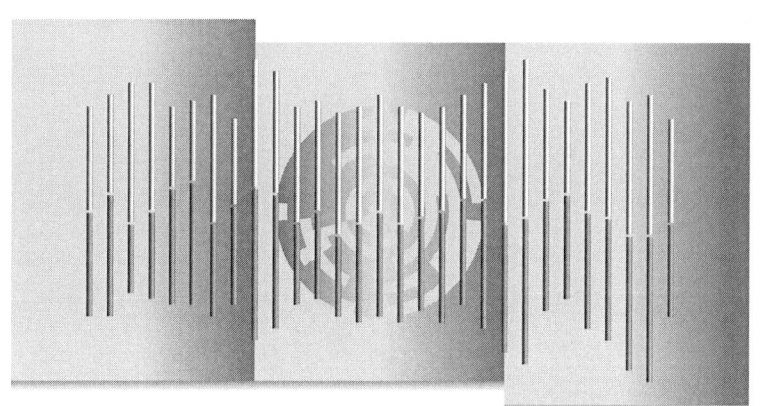

朝倉書店

MATLAB® は The MathWorks, Inc. の登録商標です.

まえがき

　本書のテーマであるベイズ的アプローチによるデータ分析（ベイズ分析）は，名前が示唆するとおりデータを用いた統計分析の一種です．しかし，大学などで統計学を学んだことがあっても「ベイズ分析」という言葉を聞いたことがない人も多いと思います．なぜなら，大学などで教えられている統計学は，ベイズ分析とは異なる発想に基づく古典的アプローチによる統計学だからです．筆者は所属大学でベイズ分析を教えていますが，ベイズ分析の講義を提供している大学はあまり多くはありません．このような事情もあり，日本ではベイズ分析はまだまだマイナーな存在です．

　ここで，ベイズ的アプローチと古典的アプローチの違いについて簡単に述べておきましょう．ベイズ的アプローチも古典的アプローチも，観測されたデータから分析対象の観測できない未知の性質を推論するにはどうしたらよいか，という疑問に答えるべく考え出された分析手法の体系であることに変わりはありません．しかし，両者は分析の出発点が大きく異なります．古典的アプローチは，分析対象に関するデータを同じ状況で繰り返し収集できると仮定したうえで，繰り返し推論を行う中で誤った判断をできるだけしないような方法を使おうという立場です．一方，ベイズ的アプローチは，データを含めた手元にあるすべての情報を最大限に活用して未知の性質に関する合理的な判断を行おうという立場です．どちらのアプローチが優れているとは一概にいえません．実験によって繰り返しデータを集めることが比較的容易な分野であれば，古典的アプローチでもあまり問題は生じないでしょう．

　しかし，実験が難しい分野において，データを繰り返し収集することを前提にした古典的アプローチを使うのは原理的に無理があると個人的には感じています．例えば，1930 年代の大恐慌や 1990 年代の日本のバブル崩壊は 1 回限りの現象です．これらを分析するときに，同じ状態の経済から各種の経済データ

を繰り返し収集できると仮定して議論を始めるのは不自然ではないでしょうか．この点は筆者がベイジアン（ベイズ分析の信奉者）になった理由の１つでもあります．

　ベイズ分析の意義については本書の中で詳しく語ることにして，筆者が本書を執筆しようという気持ちになった経緯を少し話しましょう．筆者はベイジアンの一人として日本でベイズ分析を普及させたいと思い，研究活動を行う傍ら大学での講義や一般人向けのセミナーなどでベイズ分析の啓蒙活動をしてきました．そのような機会に，受講者から必ずといってよいほど「○○というベイズ分析の本を読んだが難しすぎて理解できない」，「わかりやすく書かれた初心者向けのベイズ分析の入門書はないのか」といった不満をぶつけられます．

　古典的アプローチに関する書籍は，入門書レベルのものから高度な専門書まで山のように出版されています．しかし，ベイズ的アプローチに関する書籍となると数が少ないうえ，あっても研究者向けの高度な内容のものが大半です．比較的平易に書かれたベイズ分析の教科書があったとしても，それらは英語で書かれたものばかりです．そのためベイズ分析に関心を持った人が独学で勉強しようとすると，難しい専門書や英語文献と格闘するはめになります．このようなベイズ分析の学習環境を改善したいという気持ちから，私は本書を執筆しました．

　本書は，初心者がベイズ分析の基礎を理解するのを助けることを目的としています．したがって，高度な数学や難解な話題は避け，ベイズ分析のエッセンスだけを解説することに徹しました．そのためベイズ分析の応用事例を詳しく知りたい人には物足りないかもしれません．しかし，本書を読み終えてから巻末に紹介しているベイズ分析の書籍に進めば，そこで扱っている高度な話題にもスムーズに入れると思います．また，本文中の計算例をコンピュータで再現するためのMATLAB®プログラムをウェブ上（http://www.asakura.co.jp/books/isbn/978-4-254-29540-5/）で公開しているので参考にしてください．

　本書を入り口として読者の皆さんがベイジアンの道を歩まれることを心から期待しています．

　　　2007年5月

中　妻　照　雄

目　　次

1. ベイズ分析を学ぼう ……………………………………………… 1
   1.1 高まるデータ分析の重要性 …………………………………… 1
   1.2 ベイズ分析って何？ …………………………………………… 4
   1.3 本書の構成 …………………………………………………… 12

2. ベイズ的視点から世界をみる …………………………………… 15
   2.1 「くじ」で考える不確実性 …………………………………… 16
   2.2 望ましい「くじ」の選択 ……………………………………… 19
   2.3 「くじ」の分布を推測する …………………………………… 23
   2.4 ベイズ分析の第一歩 ………………………………………… 31
   2.5 ま と め ……………………………………………………… 42
   練 習 問 題 ……………………………………………………… 43

3. 成功と失敗のベイズ分析 ………………………………………… 45
   3.1 ベルヌーイ試行の成功確率の事後分布 …………………… 46
     3.1.1 ベルヌーイ試行とベルヌーイ分布 …………………… 46
     3.1.2 成功確率の事後分布の導出—データが逐次入手される場合 … 48
     3.1.3 成功確率の事後分布の導出—データをまとめて使った場合 … 56
   3.2 ベルヌーイ試行の成功確率に関するベイズ推論 ………… 60
     3.2.1 パラメータの点推定 …………………………………… 61
     3.2.2 パラメータの区間推定 ………………………………… 68
     3.2.3 パラメータに関する仮説の検証 ……………………… 72

3.3 将来の予測と意思決定 81
3.4 まとめ 86
練習問題 87

4. ベイズ的アプローチによる資産運用 89
4.1 不確実性の下での資産運用 90
4.2 期待収益率の事前分布の決定 97
4.3 期待収益率の事後分布と将来の収益率の予測分布 99
　4.3.1 単一年度の収益率データがある場合 99
　4.3.2 複数年度の収益率データがある場合 102
4.4 ベイズ的アプローチによる最適ポートフォリオ選択 109
4.5 まとめ 116
練習問題 117

5. ベイズ分析とマルコフ連鎖モンテカルロ法 120
5.1 モンテカルロ法 122
5.2 乱数生成法 128
5.3 マルコフ連鎖 132
　5.3.1 マルコフ連鎖の定義と性質 132
　5.3.2 マルコフ連鎖の不変分布の定義と性質 137
5.4 マルコフ連鎖サンプリング法の基本原理 141
5.5 ギブズ・サンプラー 145
5.6 データ拡大法 153
5.7 メトロポリス–ヘイスティングズ・アルゴリズム 162
5.8 まとめ 175
練習問題 176

A. 練習問題の解答 178
文　献 190
索　引 191

1
ベイズ分析を学ぼう

1.1　高まるデータ分析の重要性

　データを用いた定量的分析，データ分析 (data analysis) の重要性が高まっています．大きな理由の1つとして，分析しきれないほどの大量のデータが手に入るようになったことがあげられます．現在，企業は大量の顧客情報を日々蓄積しています．企業が持つ顧客情報には，顧客の住所，氏名，年齢，性別，職業といった基本的な属性に関する記録に加えて，銀行では預金者の給料の受取り，各種公共料金の支払い，クレジットカード会社ではカードの利用記録，保険会社では契約者の保険料の支払い，保険金の受取り，病歴，事故歴などの詳細な記録も含まれます．官庁も民間企業と同様に大量の個人情報を保有しています．さらに，コンビニやスーパーは不特定多数の利用客がいつ，どの店で，どの商品を買ったかというデータを刻一刻と集めています．インターネットの利用の拡大に伴い，ネット経由でデータが蓄積されることも多くなりました．ウェブページやネット広告の閲覧記録，ネット通販やネット・オークションの利用記録，音楽配信サイトからのダウンロード記録など，様々なデータが集められています．

　このように集められたデータの数は，少なくとも十万単位，通常は百万単位あるいは千万単位にまでなります．この膨大なデータは顧客管理やマーケティングのために有用な情報を与えてくれる，いわば「宝の山」といえるものです．しかし，この「宝の山」は永らく企業や官庁から見過ごされてきました．その理由としては，情報を持っている組織の担当者がデータは「宝の山」であるという認識に欠けていたり，データから有用な情報を取り出す技術に関して無知

であったりしたことが考えられます．まさに宝の山の上に座っていながら王冠を作ることができない状態が続いていたわけです．

　この宝の山である膨大なデータから有用な情報を掘り出す方法の研究と応用が近年注目を集めています．それは，データの山からの採掘 (mining) という意味でデータ・マイニング (data mining) と呼ばれます．顧客情報のデータ・マイニングで使われる手法を大きく分けると，①顧客の属性の判別と②顧客の行動の予測になります．銀行が行う住宅ローンを例にして考えましょう．融資を行う銀行にとって住宅ローンがきちんと返済されるかどうかはきわめて重要です．この例では顧客（住宅ローンの融資先）の属性は貸し倒れの可能性の低いグループと高いグループであり，顧客の行動はローンを返済することと貸し倒れしてしまうことになります．事前の審査で貸し倒れの可能性が高いグループに分類される人には融資を行わないという判断を下すことで，貸し倒れのリスクを回避することができるでしょう．これが顧客の属性の判別です．しかし，貸し倒れリスクが低いグループに属していても不況の到来などの外的影響で貸し倒れになってしまう可能性もあります．そのため，顧客の過去の返済遅延のパターンや時の経済状況などを鑑みて貸し倒れの可能性を評価していくことも重要です．これが顧客の行動の予測です．データ・マイニングによる属性の判別と行動の予測は，住宅ローンの審査だけでなく特定の顧客層を対象にしたターゲット・マーケティング，売れ筋商品の予測による在庫管理など様々なところで応用されています．

　大量のデータが使用されるケースは顧客情報のデータ分析に限りません．その一例に衛星データ解析があります．地球観測衛星は，衛星軌道上から搭載した各種センサを駆使して地表や大気の状態に関する様々なデータを収集し，刻々と地上に送信しています．衛星から送られてくるデータには，可視光線や赤外線で撮影した画像データや衛星のレーダーを使って収集されたデータなどがあります．衛星から送られてくるデータは膨大なものです．例として，衛星から撮った田畑の画像を解析することを考えましょう．分解能 10 m（1つの画素が 10 m 四方）として 10 km 四方の田畑の画像をとると，1枚当たりの画素数は $(10{,}000 \div 10)^2 = 1{,}000{,}000$ になります．画素の1つ1つには観測された電磁波の周波数，つまり色が記録されているので，結局 100 万個のデータが集めら

れたことになります．当然のことですが，分解能を高めたり撮影範囲を広げたりすればデータの数はもっと増えることになります．この膨大なデータを使って田畑で作付けされている農作物の違いを判別したり，風水害による農作物の被害状況を推測したりするわけです．衛星データは農業だけでなく環境汚染や災害の被害の推定，気候変化の解析などの様々な分野で広く利用されています．

また，衛星データ解析と並んで大量のデータを使う研究にゲノム解析があります．ゲノム解析では DNA の機能を研究しています．ヒトゲノムの場合で DNA の塩基配列の数は 30 億もあります．しかし，すべての塩基配列が遺伝子として機能しているわけではありません．さらに遺伝子として機能している部分でも，いかなる機能を持っているかはすべての遺伝子についてわかっているわけではありません．現在，世界中の研究者が膨大な塩基配列の中から遺伝子として働いている箇所とその機能を特定することを目指して解析を続けています．ゲノム解析の成果は病気の予防と治療，新しい品種の開発，進化のメカニズムの解明などに役立てられています．

証券市場や外国為替市場の定量的分析では注文単位，取引単位のデータ（ティック・データ）が用いられるようになっています．通常はすべての取引を使うのではなく一定時間（例えば 5 分間）ごとの取引データを使うことが多いですが，それでも 1 時間に 12 件，1 日 24 時間（外国為替は世界中で 24 時間取引されています）で $12 \times 24 = 288$ 件，1 年 300 営業日として $12 \times 24 \times 300 = 86{,}400$ 件，10 年分集めれば $12 \times 24 \times 300 \times 10 = 864{,}000$ 件となります．このティック・データは，アカデミックな金融市場の研究のみならず実務レベルでのリスク管理，新たな金融商品の開発など様々な局面での利用が広がりつつあります．

このような状況の変化を受けてデータ分析のあり方も大きく様変わりしました．先に述べたような膨大なデータが利用可能になった背景には，コンピュータの計算処理の高速化とメモリの大容量化の目覚ましい進展があります．もちろんコンピュータの発達そのものが大量のデータ収集に大きく貢献していることはいうまでもありません．しかし，せっかくデータを集めたにもかかわらず計算時間がかかりすぎて分析できないという事態になっては意味がありません．コンピュータの性能が今ほどではなかった時代には，計算処理の遅さとメモリ不足がデータ分析を進めるうえでボトルネックになっていました．膨大なデー

タの分析には高性能のコンピュータが不可欠なのです．ありがたいことに，一昔前のスーパー・コンピュータと同じ能力のものが今では低価格パソコンとして誰でも購入できるようになっています．そのため処理速度とメモリの問題はかなり緩和されてきています．

　この大量のデータの登場とコンピュータの高性能化は，**統計学 (statistics)** のあり方を大きく変えつつあります．20 世紀後半における統計学研究の主流は，**数理統計学 (mathematical statistics)** と呼ばれるガリガリと数式を解いて推定量や検定統計量の性質を導出するものであったといっても差し支えないでしょう．しかし，近年は伝統的な「統計学」という言葉ではくくりきれないほどデータ分析の手法も応用も変化し多様性を増してきています．コンピュータの高性能化は，コンピュータを徹底的に活用する**計算機統計学 (computational statistics)** と呼ばれる分野の発展を促しました．この分析手法は研究者の間で広く受け入れられるようになり，現在では「計算機」を頭につける必要もないくらいに普通の統計学の手法としての地位を確立しています．また，コンピュータの使用が大前提である人工知能の研究から派生してきた**機械学習 (machine learning)** という分野が統計学と密接に関連していることもわかってきました．これらに先にあげた大量のデータを高性能コンピュータを駆使して分析するデータ・マイニングを加えた 3 つの分野が，実は深いところではつながっていて大きな学問領域を形成している，という認識が研究者の間で徐々に広まりつつあります．これらをまとめて**データ科学 (data science)** と呼ぶこともできるでしょう．

1.2　ベイズ分析って何？

　従来，前節で紹介したデータ分析の大半は**古典的統計学 (classical statistics)** と呼ばれる枠組みによって行われてきました．古典的統計学は読者の皆さんが今までに習ったことがある統計学です．その基本的な考え方は，分析対象となる**母集団 (population)** から繰り返し一定の大きさの**標本 (sample)** をランダムに抽出し，標本を使って未知の母集団の性質を推測するというものです．この母集団の性質を決める変数を**パラメータ (parameter)** と呼びます．

例えば，中の見えない壺に多くの赤玉と白玉が一定の割合で入っているとしましょう．この壺が母集団であり，赤玉と白玉の真の割合が母集団の性質すなわちパラメータです．この壺の中から繰り返し玉を取り出すことが標本抽出です．そして，取り出した玉の中の赤玉と白玉の割合を「真の割合」の推定値に使うことが，標本による未知のパラメータの推測となります．

しかし近年，古典的統計学とは違う発想のデータ分析の手法が注目を集めつつあります．それが，本書のテーマである**ベイズ分析 (Bayesian analysis)** です．本書では「ベイズ分析」で統一しますが，統計学の一分野という意味で**ベイズ統計学 (Bayesian statistics)** と呼ばれることもあります．ベイズ分析はデータ分析の1つである以上，古典的統計学と同様に標本（データ）を使います．しかし，標本とパラメータの扱いが古典的統計学と大きく異なります．

古典的統計学では，母集団の性質を決定するパラメータを真の値が未知だが固定された変数であると想定します．そして，統計量と呼ばれる観測された標本の関数を用いてパラメータの値に関する様々な推論を行います．パラメータの値を知りたいときには，推定量という統計量によって推定値を計算します．パラメータに関する仮説を検証したいときには，検定統計量という統計量を使って仮説が支持されるかどうかを判定します．標本は母集団からランダムに抽出されたものなので確率変数です．その標本の関数ですから統計量もまた確率変数となります．そのため，統計量から導かれるパラメータに関する推論の結果も標本を新たに抽出するたびにランダムに変動します．仮説の検証でいうと，ある標本では支持された仮説が別の標本では否定されるということも起きるのです．そのため，古典的統計学では推論の結果がはずれる可能性が小さくなるように推定量や検定統計量を選択することになります．古典的統計学での推論を射撃にたとえると，固定された射撃の標的の中心が正しい推論結果にあたり，標的の中心から弾がはずれてしまうことが誤った推論をすることにあたります．射撃では手の微妙な動きで弾道がぶれるため，弾が標的の中心付近に当たることもあれば大きくはずれることもあります．繰り返し撃った弾が高い頻度で標的の中心付近に当たるように努力することが射撃の目的であるように，標本抽出を繰り返す中で正しい推論結果が高い頻度で得られるような推論法を見つけるのが古典的統計学における研究目的になっています．

一方，ベイズ分析ではパラメータの真の値はどうしてもわからないものである，という立場で推論を進めることになります．つまり，正しい推論結果に至ることを目指すのではなく，データがもたらす情報に基づき不確実なパラメータの値に関して合理的な判断を下すことを目指すのです．しかし，ベイズ分析でも正しい推論結果を得ることを放棄しているわけではありません．本書を読み進めていくとわかりますが，ベイズ分析でもデータがもたらす情報が増えていくとパラメータに関する不確実性が減少し，結果的に正しい推論ができるようになります．ベイズ分析のねらいは，手元にある情報が少ない状態でも多い状態でも情報量に見合った合理的判断を下すことにあります．

　ベイズ分析における推論の原理はきわめて簡単です．まず，パラメータの値に関する不確実性を表現するためにパラメータの確率分布を導入します．どの値が真の値かわかりませんから，あるパラメータの値の候補が本当に真の値である可能性が高いのか低いのかを確率分布によって表現するのです．当然のことですが，パラメータの確率分布では，真の値である可能性が高い候補の確率（密度）は高く，可能性が低い候補の確率（密度）は低くなります．そして，このパラメータの確率分布を使ってパラメータに関する推論を行うことになります．例えば，パラメータの確率分布のモード（確率分布で確率あるいは確率密度が最も高くなる点）は真の値である可能性が最も高い候補であるといえるので，これをパラメータの推定値に使うことができます．しかし，パラメータの確率分布の形状によってはモードを推定値に使うのが必ずしも適切ではない場合もあるので，平均や中央値などの確率分布の中心を示す特性値を推定値に使うこともあります．このあたりの議論は第3章で詳しく説明します．パラメータに関する仮説の検証も，パラメータの確率分布において仮説が想定しているパラメータの値（あるいは範囲）が正しい可能性がどれだけあるのかを評価することで行われます．例えば，パラメータが正の値をとるかどうかは，パラメータの確率分布で正の値が実現する確率を求め，それが高いか低いかを見て判定することになります．ベイズ分析ではパラメータの値に関する推論以外にも，データの将来の実現値の予測や不確実性の下での意思決定などでパラメータの確率分布を利用します．将来の予測や不確実性の下での意思決定についても第3章以降で詳しく解説します．

今までの説明では，パラメータの確率分布が与えられたという状況の下でベイズ分析をどのように進めるかを話してきました．しかし，どうやってパラメータの確率分布を決めてやればよいのでしょうか．ベイズ分析では，まず新たにデータを入手する前の情報しか反映していないパラメータの確率分布，**事前分布** (prior distribution) を考えます．「事前」とは新たにデータが入手される前という意味です．事前分布はデータ以外の主観的情報や古いデータに基づく情報などを反映したパラメータの確率分布です．主観的情報は，分析を行う者の個人的な「勘と経験」でもかまいませんし，複数の専門家の意見を集約したものでもかまいません．また，学会や業界で広く知れ渡っている常識やコンセンサスを利用することもできます．要するにデータ以外の情報であれば，このカテゴリーに分類されます．一方，古いデータに基づく情報は，先行研究の分析結果や予備的な調査で得られたデータなどがもたらす情報です．例として選挙結果の予測を考えましょう．マスメディアが行う選挙結果の予測は，①投票日前に行った世論調査，②投票日当日に行った出口調査，③選挙管理委員会による開票速報などを総合的に判断して行われます．マスメディアが投票日前に公表する予測では事前に行った世論調査が新しいデータとなります．しかし，投票日の選挙特番などで開票が始まる前に議席を予測する場合には，投票日前の世論調査は古いデータにあたり，当日に行った出口調査が新しいデータになります．さらに開票作業が始まって当確を打つべきかどうかを判断するときには，投票日前の世論調査と当日の出口調査が古いデータになり，開票速報が新しいデータになります．ベイズ分析では主観的情報や古いデータに基づく情報をまとめて**事前情報** (prior information) と呼びます．

　事前分布は主観的情報や古い情報しか反映していないので，それだけでは分析に使用できません．そこで新たに入手されたデータがもたらす情報を反映したパラメータの確率分布を事前分布から作り，これをパラメータに関する推論に使用します．この確率分布を**事後分布** (posterior distribution) と呼びます．この「事後」とは新たにデータが入手された後という意味です．そして，事前分布からデータがもたらす情報を反映した事後分布を作るために**ベイズの定理** (Bayes theorem) を使います．読者の皆さんも予想がつくと思いますが，ベイズの定理を使うのでベイズ分析の名前がついています．詳細は第2章

以降で詳しく説明しますが，簡単に書くと事後分布は事前分布に何らかの補正項をかけた形

$$\text{事後分布} = \text{補正項} \times \text{事前分布} \tag{1.1}$$

になります．(1.1) 式の事後分布と事前分布のところにはパラメータの確率分布の確率関数（離散的である場合）や確率密度関数（連続的である場合）が入ります．補正項は

$$\text{補正項} = \frac{\text{真の値の候補が正しいときにデータが実現する確率（密度）}}{\text{事前分布で平均したデータが実現する確率（密度）}} \tag{1.2}$$

という形をしています．

なぜ (1.1)，(1.2) 式でデータがもたらす情報を事後分布に織り込むことができるのかを説明しましょう．(1.2) 式右辺の分子は，ある真の値の候補が仮に正しいとしたときに観測されたデータが実現する確率です（細かいことですが，データが連続的確率分布に従うときは確率ではなく確率密度を考えます）．これを**尤度 (likelihood)** といいます．赤玉と白玉が入った壺の例で尤度を説明してみましょう．もし壺から赤玉が 10 個続けて出たとすると，壺の中の赤玉の割合はかなり高いと推測できます．これが観測されたデータに基づく合理的な判断であることは，読者の皆さんにも直感的には納得してもらえると思います．この判断を数学的に解釈すると，赤玉の割合が 100%に近い値であれば 10 個続けて赤玉を取り出すということが実現する可能性は高いが，赤玉の割合が低ければ 10 個続けて赤玉を取り出すということが実現する可能性はきわめて低くなる，したがって赤玉の割合はかなり高いはずだ，という論理で結論を導き出していることになるでしょう．つまり，観測されたデータが実現する可能性が高くなるようなパラメータの値は，真の値である可能性が高いのです．したがって，(1.2) 式右辺の分子がパラメータの真の値としての尤（もっと）もらしさの尺度，つまり尤度となっているのです．

もちろん実現しにくい結果がたまたまデータとして観測されたという可能性もあります．しかし，壺の例での「赤玉が立て続けに出ているのだから赤玉がたくさん壺に入っているのだろう」という判断は，私たちが日頃行っている判

断とそう食い違うものではありません．それにデータの数（取り出す玉の数）を増やしていけば実現しにくい結果がたまたま起きる確率は減っていくので，誤った判断をする危険性は減少してくれます．これが，前に述べたデータが増えると情報が増えて正しい推論ができるようになるということの意味です．

これに対し，(1.2) 式右辺の分母は事前分布で評価したデータの実現確率（尤度）の期待値です．これは**周辺尤度 (marginal likelihood)** と呼ばれます．周辺尤度は，事前情報で真の値の可能性が高いパラメータの値に対応する尤度には高い確率を重みとしてかけ，真の値の可能性が低いパラメータの値に対応する尤度には低い確率を重みとしてかけて加重平均したものと解釈されます（また細かいことですが，パラメータの事前分布が連続的である場合には確率は確率密度となり，加重平均から積分に表現が変わります）．(1.2) 式で真の値の候補に対する尤度を周辺尤度で割っているのは，尤度を基準化しておけば (1.1) 式で補正された事前分布，つまり事後分布もまた確率分布であることが保証されるからです．(1.2) 式の補正項の分母は，パラメータに関して期待値をとったものなので，パラメータに依存せずデータ（標本）だけに依存しています．ベイズ分析ではデータは与えられたものとして固定して考えるので，(1.2) 式の補正項の分母はパラメータに依存しない定数となります（ちなみに古典的統計学では，標本は抽出するたびに値が変化する確率変数です）．

以上の説明から，(1.2) 式の補正項は，尤度が高い候補，すなわちデータと照らしあわせて真の値である可能性が高い候補の事後分布での確率（密度）を事前分布よりも高くし，尤度が低い候補，すなわちデータと照らしあわせて真の値である可能性が低い候補の事後分布での確率（密度）を事前分布よりも低くする役割を果たしていることがわかります．これが，ベイズの定理によって新しく入手されたデータがもたらす情報をパラメータの確率分布に織り込むことができる理由です．要するに，(1.1) 式はデータがもたらす情報に基づいて，真の値である可能性が高い部分で分布の山が盛り上がるようにパラメータの確率分布の形状を変化させる公式となっているのです．さらに (1.1) 式の補正を 1 回限りで終わらせる必要もありません．古いデータに基づく事後分布を次の事前分布として使い，新しいデータが入るたびに (1.1)，(1.2) 式を適用することで新しいデータがもたらす情報を織り込んだ事後分布を次々と作っていくこと

ができます．

　ベイズ分析の基本的な原理は以上に説明したとおりですが，このような分析手法を使う利点は何だと読者の皆さんは思いますか．ベイズ分析の1つの利点として，データの数が少ない場合も多い場合も全く同じ方法で分析を進められることがあげられます．古典的統計学ではデータの数が少ないときと多いときで統計量の理論上の扱いが異なります．前者を小標本理論，後者を大標本理論と呼んだりします．しかしベイズ分析では，データの数が1個しかなくても100万個あっても (1.1) 式を適用してデータの情報をパラメータの事後分布に織り込むだけです．データの数は分析の進め方自体に影響を与えることはありません．当然，情報量が多くなるのでデータが多いに越したことはありませんが，データが少ないときでも少ないなりにデータが多い場合と同じ枠組みで分析することができる点がベイズ分析の強みです．

　また，ベイズ分析にはデータ以外の主観的情報を活用できるという利点もあります．古典的統計学に主観的情報の居場所はありません．正確にいうと古典的統計学が主観的情報を全く使っていないわけではないのですが，それをデータがもたらす情報と体系的に融合することで分析に役立てる，という発想は古典的統計学にはありません．これに対しベイズ分析では，主観的情報とデータがもたらす情報が (1.1) 式によって直接的に結びつけられます．客観性とは無縁の，純粋に金もうけが目的である資産運用などで金融市場や景気の動向に関する主観的情報を積極的に活用することは，読者の皆さんにも比較的容易に受け入れられると思います．一方，客観性が重んじられる学術研究で主観的情報を使うことに抵抗を感じる人がいるかもしれません．しかし，先行研究を参考にしてモデルの変数や関数形を選択したり，学会で通説として知られている値をパラメータに設定したりと，学術研究であっても暗にデータ以外の主観的情報を利用していることが意外と多いのです．これを明示的かつ体系的にデータ分析に取り込もうというのがベイズ分析の立場です．

　さらに，未知のパラメータがデータに比べて多い場合にも適用できるという点もベイズ分析の大きな強みです．古典的統計学ではデータの数に比べて推定すべきパラメータの数が多くなりすぎると，自由度が失われてパラメータに関する推論を進められなくなります．しかし，ベイズ分析ではデータの数よりパラ

メータの数が多くなっても問題なく分析を進めることができます．この理由は簡単です．パラメータの数がいくらになろうと，パラメータの事前分布に (1.1) 式を適用すればパラメータの事後分布が求まります．このことにパラメータの数は基本的に関係ありません．推測すべきパラメータが膨大になると計算が大変になりますが，第 5 章で説明するマルコフ連鎖モンテカルロ法などの数値計算手法によって対応可能です．

　データよりもパラメータの数が多くなるという事態は，複雑なモデルを分析する際によく直面する問題です．ファイナンスで有名な例に**確率的ボラティリティ・モデル (stochastic volatility model)**，略して SV モデルがあります．SV モデルは観測されない分散が毎日変動するモデルであり，株価指数や為替レートなどの日々の変動を説明するモデルとして人気があります．SV モデルでは，観測されない分散は推定対象となるパラメータです．この SV モデルを日々の株価指数などのデータから推定しようとすると，データと同じ数だけある未知の分散を推定しなければいけなくなります．さらに SV モデルは分散以外の未知のパラメータを含むので，推定対象となるパラメータの数はデータの数を上回ってしまいます．このような難しい状況にもベイズ分析は対応できることが，ベイズ分析への関心の高まりの大きな理由となっています（SV モデルのベイズ分析は里吉[6]，中妻[9]，渡部[11, 12]などで詳しく説明されています）．

　最後に，ベイズ分析ではパラメータに関する推論と不確実性の下での意思決定が自然な形で結びついているという利点があげられます．ここでいうところの「不確実性の下での意思決定」とは，行動の結果が不確実である状況で与えられた制約の下で最善の行動を選ぶということを指しています．例として，第 4 章で詳しく説明する株式などへの投資を考えてみましょう．投資家としてはできるだけ高い収益（リターン）が得られるような運用をしたいところですが，あまり高いリターンを目指すとリスクも高まってしまいます．標準的な投資の意思決定では，投資家自身にとって望ましいリスクとリターンのバランスを探ることで最適な投資戦略を練ることになります．しかし，投資家は自分の好みに応じて自由に投資戦略を選べるわけではありません．投資家の手持ち資金は限られているので無制限に株式を買うことはできません．また，顧客から資金を預かって運用しているファンド・マネジャーであれば，顧客に保証している収

益の水準を確保しなければいけませんし，とれるリスクにもおのずと限界が出てきます．このような制約を満たしつつ最適な投資戦略を練ることを投資家は日々強いられているのです．ベイズ分析では，このような不確実性の下での意思決定を，データがもたらす情報とデータ以外の主観的情報を融合しつつ，未知のパラメータに関する推論や将来の予測とあわせてシームレスに行うことができます．詳細は第 4 章で解説します．

1.3 本書の構成

本書はベイズ分析を初めて学ぶ読者の皆さんにベイズ分析の概要について理解してもらうことを目的としています．本書を読み進めるには学部の教養課程レベルの統計学と微分積分の知識があれば十分です．

第 2 章では不確実性の下での意思決定の意味とベイズ分析の基本的な流れを解説します．ここでは「くじ」をキーワードに結果が不確実なものをどのように推測すべきか，不確実な状況でどうすれば合理的な判断を下すことができるのか，それにベイズの定理がどのように関係してくるのかを簡単な例を使って説明しています．第 2 章では微分や積分などの難しい数式は出てきません．しかし，第 2 章で扱うベイズ分析の基本的な概念を理解することは本書を読み進めるうえで必要不可欠です．第 3 章以後を読み進める前にしっかりと理解を深めてください．

第 3 章ではベルヌーイ試行の成功確率の推測を例にベイズ分析の基礎を学びます．ベルヌーイ試行は，成功と失敗という 2 つの結果のどちらかだけが独立に一定の確率で起きる確率的現象を指します．ベルヌーイ試行の身近な例は表か裏が出るコイン・トスですが，それ以外にもベルヌーイ試行の応用事例は多く，統計学で扱われる確率的現象の中でも最も基本的なものの 1 つです．データ分析としてのベイズ分析の主な手法は第 3 章ですべて網羅されているといっても過言ではありません．この章をきちんと理解できればベイズ分析はわかったといってもよいでしょう．

第 4 章では不確実性の下での意思決定の例として，ファイナンスではおなじみの危険資産と安全資産への最適な資産配分の決定をベイズ的アプローチで行

1.3 本書の構成

う方法を解説します．これとあわせて正規分布にデータが従う場合のベイズ分析の進め方も説明します．正規分布は統計学で最も広く使われる基本中の基本の確率分布です．正規分布のベイズ分析の枠組みは，回帰分析など他の応用事例へも簡単に拡張されるベイズ分析の重要な構成要素です．

第5章では近年のベイズ分析の隆盛を支えるマルコフ連鎖モンテカルロ法 (Markov chain Monte Carlo method)，略して MCMC 法を説明します．MCMC 法は乱数を使って数値積分などを行うモンテカルロ法の一種です．MCMC 法はベイズ分析だけで用いられる方法ではありませんが，ベイズ分析における各種の数値計算を容易にしてくれる優れものの計算手法です．MCMC法の登場はベイズ分析の応用範囲を劇的に拡大させる契機となりました．現在のベイズ分析は MCMC 法抜きには語れません．第5章では，まずベイズ分析におけるモンテカルロ法の必要性と利用法を解説し，MCMC 法の理論的基礎であるマルコフ連鎖の性質をひと通り概観します．そして，マルコフ連鎖から乱数を生成することで事後分布からパラメータの乱数を生成する方法であるマルコフ連鎖サンプリング法の原理を説明し，その代表例である①ギブズ・サンプラー，②データ拡大法，③メトロポリス–ヘイスティングズ・アルゴリズムを紹介します．

各章の終わりには練習問題をつけています．「練習問題」としてはいますが，実際には本文中で扱うには高度な内容や，紙数の制約のため紹介することができなかった応用事例などを練習問題の形を借りて解説しているものです．すべての問題の解答は付録で解説しているので自習が可能になっています．また，本書で扱う代表的な確率分布を表 1.1 にまとめましたので参考にしてください．

本書で扱っているベイズ分析の各種手法は，実際に使われるもののほんの一部にすぎません．本書を初学者にとってとっつきやすいベイズ分析の入門書にするために，重要ですが難易度の高い話題や応用事例をかなり省いています．本書を最後まで読み進み，内容をある程度理解できたら，ベイズ統計学の教科書である繁桝[7]，鈴木[8]，渡部[13] やマルコフ連鎖モンテカルロ法の解説書である甘利ほか[1] や和合[10] などの上級レベルの書籍に挑戦してみてください．

表 1.1 代表的な確率分布

分布名	表記	確率（密度）関数	パラメータ	平均	中央値	モード	分散
ベルヌーイ	$Br(\pi)$	$\pi^x(1-\pi)^{1-x}\mathbf{1}_{\{0,1\}}(x)$	$\pi\in(0,1)$	π	—	0 or 1	$\pi(1-\pi)$
二項	$Bi(\pi,n)$	$\binom{n}{x}\pi^x(1-\pi)^{n-x}\mathbf{1}_{\{0,1,\ldots,n\}}(x)$	$\pi\in(0,1)$	$n\pi$	—	—	$n\pi(1-\pi)$
幾何	$Ge(\pi)$	$\pi(1-\pi)^x\mathbf{1}_{\{0,1,2,\ldots\}}(x)$	$\pi\in(0,1)$	$\frac{1-\pi}{\pi}$	—	0	$\frac{1-\pi}{\pi^2}$
負の二項	$Nb(\pi,n)$	$\binom{n+x-1}{n-1}\pi^n(1-\pi)^x\mathbf{1}_{\{0,1,2,\ldots\}}(x)$	$\pi\in(0,1)$	$n\frac{1-\pi}{\pi}$	—	—	$n\frac{1-\pi}{\pi^2}$
ポアソン	$Po(\lambda)$	$\frac{\lambda^x e^{-\lambda}}{x!}\mathbf{1}_{\{0,1,2,\ldots\}}(x)$	$\lambda>0$	λ	—	—	λ
一様	$U(a,b)$	$\frac{1}{b-a}\mathbf{1}_{(a,b)}(x)$	$-\infty<a<b<\infty$	$\frac{b-a}{2}$	$\frac{b-a}{2}$	(a,b)	$\frac{(b-a)^2}{12}$
正規	$N(\mu,\sigma^2)$	$\frac{1}{\sqrt{2\pi\sigma^2}}\exp\left[-\frac{(x-\mu)^2}{2\sigma^2}\right]$	$-\infty<\mu<\infty,\ \sigma^2>0$	μ	μ	μ	σ^2
t	$T(\mu,\sigma^2,\nu)$	$\frac{\Gamma\left(\frac{\nu+1}{2}\right)}{\Gamma\left(\frac{\nu}{2}\right)\sqrt{\nu\pi\sigma^2}}\left\{1+\frac{(x-\mu)^2}{\nu\sigma^2}\right\}^{-(\nu+1)/2}$	$\nu>0$	μ	μ	μ	$\frac{\nu}{\nu-2}\sigma^2$
指数	$Exp(\lambda)$	$\lambda e^{-\lambda x}\mathbf{1}_{(0,\infty)}(x)$	$\lambda>0$	$\frac{1}{\lambda}$	$\frac{\log 2}{\lambda}$	0	$\frac{1}{\lambda^2}$
カイ2乗	$\chi^2(\nu)$	$\frac{(1/2)^{\nu/2}}{\Gamma\left(\frac{\nu}{2}\right)}x^{(\nu/2)-1}e^{-x/2}\mathbf{1}_{(0,\infty)}(x)$	$\nu>0$	ν	—	$\nu-2$	2ν
ガンマ	$Ga(\alpha,\beta)$	$\frac{\beta^\alpha}{\Gamma(\alpha)}x^{\alpha-1}e^{-\beta x}\mathbf{1}_{(0,\infty)}(x)$	$\alpha>0,\ \beta>0$	$\frac{\alpha}{\beta}$	—	$\frac{\alpha-1}{\beta}$	$\frac{\alpha}{\beta^2}$
逆ガンマ	$Ga^{-1}(\alpha,\beta)$	$\frac{\beta^\alpha}{\Gamma(\alpha)}x^{-(\alpha+1)}e^{-\beta/x}\mathbf{1}_{(0,\infty)}(x)$	$\alpha>0,\ \beta>0$	$\frac{\beta}{\alpha-1}$	—	$\frac{\beta}{\alpha+1}$	$\frac{\beta^2}{(\alpha-1)^2(\alpha-2)}$
パレート	$Pa(\alpha,\beta)$	$\frac{\alpha\beta^\alpha}{x^{\alpha+1}}\mathbf{1}_{[\beta,\infty)}(x)$	$\alpha>0,\ \beta>0$	$\frac{\beta\alpha}{\alpha-1}$	$\beta(2^{1/\alpha}-1)$	0	—
ベータ	$Be(\alpha,\beta)$	$\frac{x^{\alpha-1}(1-x)^{\beta-1}}{B(\alpha,\beta)}\mathbf{1}_{(0,1)}(x)$	$\alpha>0,\ \beta>0$	$\frac{\alpha}{\alpha+\beta}$	—	$\frac{\alpha-1}{\alpha+\beta-2}$	$\frac{\alpha\beta}{(\alpha+\beta)^2(\alpha+\beta+1)}$

注）"—"は解析的な表現にまとめられないことを意味します．

2
ベイズ的視点から世界をみる

　現実の世界は不確実性に満ち溢れています．例として企業の設備投資に関わる話を考えましょう．ある企業（X社としましょう）の経営者は自社が製造している製品の需要が今後も旺盛であると予想し，積極的に事業の拡大を行うべく新工場の建設を決断しました．そして，X社は新工場の建設資金を調達するため銀行から多額の融資を受けました．一方，X社が新工場を建設するというニュースを聞いた投資家は，X社の将来の株価が上昇すると予想してX社の株式を購入することにしました．

　この話では，X社の経営者，銀行，投資家がそれぞれ表2.1の意思決定を行ったことになります．しかし，彼らの判断が正しいという保証はどこにもありません．もしかすると予想していたほど需要が伸びずX社の業績が悪化してしまい，最悪の場合は過剰な負債に耐えきれずX社が破綻してしまうかもしれません．X社が破綻してしまうと，融資した資金を回収できなくなり融資を行った銀行が損失を被ることになります．さらに，X社の破綻を受けてX社の株価が暴落し投資家も損失を被ります．

　新工場建設の結果としてX社が破綻したりX社の株価が暴落したりすることを事前に言い当てるのは困難です．これらは実際に起きるかどうかが不確実な現象なのです．しかし，不確実な現象に左右される困難な状況においても，X社の経営者は新工場建設を行うべきかを判断し，銀行はX社に融資を行うべき

表 2.1　不確実性の下での意思決定の例

意思決定主体	意思決定の内容
X社の経営者	融資を受けて新工場を建設する
銀行	X社に融資を行う
投資家	X社の株式を購入する

かを判断し，投資家は X 社の株式を購入して資金を運用すべきかを判断しなければなりません．彼らはすべて不確実性の下での意思決定という問題に直面しているのです．

本章では不確実性の下での意思決定を行うために必要なベイズ分析の基本的概念を理解することを目指します．まず，2.1 節で不確実な現象が「くじ」の一種としてとらえられることを示し，2.2 節で不確実性の下での意思決定が望ましい「くじ」の選択であることを説明します．続いて，2.3 節で「くじ」で当たりが出る確率がわからないという「くじ」自体に関する不確実性にどのように対処すべきかを議論します．そして，2.4 節で「くじ」の不確実性に対する有力な対処法として最も簡単なベイズ分析の事例を紹介します．本章で解説するベイズ分析の概要はきわめて単純な状況におけるものです．もっと現実的で複雑な状況において適用可能なベイズ分析の枠組みは，次章以降で詳しく解説していくことになります．

2.1　「くじ」で考える不確実性

皆さんは「くじ」といったら何を思い出すでしょうか．商店街などで歳末企画として行われる福引でしょうか．1 等前後賞あわせて 3 億円が当たるジャンボ宝くじでしょうか．あるいは商品を買って応募すると景品などがもらえる懸賞のたぐいでしょうか．これらはすべて「くじ」として共通の性質を持っています．

まず当たるかはずれるかが前もってわからないという点があげられます．福引では，当たりくじの数とはずれくじの数は前もって決まっていますから，当たりくじを引く可能性（これを**確率 (probability)** と呼びます）を

$$\text{当たりくじを引く確率} = \frac{\text{当たりくじの数}}{\text{当たりくじの数} + \text{はずれくじの数}} \tag{2.1}$$

として定義することができます．宝くじや懸賞の場合には，分子の当たりくじの数が決まっていても分母が応募者数に依存するため締切りまで当たりくじを手に入れる確率は確定しませんが，それでも最終的には (2.1) 式によって当たる確率を定義できます．

次に,「くじ」は当たった場合には何らかの金銭や景品（これを利得と呼びます）が手に入るが, はずれると何ももらえないという性質を持っています. また, 1等, 2等などとランクによって当たった場合の利得が異なる「くじ」もあります. さらに場合によっては損をする「くじ」があります. 例えば, 宝くじはお金を出して買うものですから, はずれた場合は支払った金額分だけ損することになります. 要するに,「くじ」は「どれだけ利得を手にするか前もってわからないもの」であるといえます. 何か当たり前のことをいっているように感じるかもしれませんが, この当たり前のことが**不確実性の下での意思決定**という重要な概念を理解するうえできわめて重要なのです.

簡単な「くじ」の例を考えてみましょう. あるスーパーが開店10周年記念企画として以下のようなサービスを行ったとします.

開店10周年記念特別感謝サービス
レシートに「当たり」が出たら500円をその場でキャッシュバック！
※ただし5,000円以上お買い上げのお客様に限らせていただきます.

これは, 5,000円以上購入した客のレシートに「当たり」の文字が印字されていたときに, 購入代金から500円を差し引いてしてもらえるというものです. これも「くじ」の一種です. この「くじ」に当たると500円得します. はずれると購入代金をそのまま支払うだけですから, 損はありません. さらに「当たり」は10人に1人の割合で印字されるように設定されるとします. つまり,「くじ」に当たる確率は $1/10 = 10\%$ ということになります. この「くじ」の利得と確率をまとめたものが表2.2です.

このようなスーパーの企画は「くじ」の身近な例ですが, 一見「くじ」にみえないが実際には「くじ」を持っていることになる行為があります. 先ほど言及した銀行が企業（X社）に行う融資はそのような「くじ」の一例です. 融資

表2.2 スーパーのくじの利得

	スーパーのくじ	
	はずれ	当たり
利得	0	500
確率	90%	10%

先企業である X 社の業績が好調であれば，利息支払の遅滞もなく融資の元本も全額きちんと返済されます．しかし，もし X 社の業績が予想に反して悪化した場合には債務の繰延べをしたり，最悪の場合には X 社が破綻して資金の回収が困難になったりする可能性があります．つまり，銀行にとって X 社への融資は貸した資金が回収されるか焦げ付くかで利得が不確実に大きく変化する「くじ」であると解釈されます．

融資が「くじ」となっていることを簡単な数値例で示しましょう．銀行が X 社へ金利 5% で 100 億円融資するとします．以下では融資の利得を

$$融資の利得 = 回収された金額 - 融資の元本$$

で計算しましょう．X 社の業績が良好で元利あわせて 105 億円が返済されたとすると，

$$X 社が破綻しなかった場合の利得 = 1.05 \times 100 億円 - 100 億円$$
$$= 5 億円$$

となります．しかし，X 社の業績が悪化し破綻してしまう確率が 1% であり，もし破綻してしまうと利息はもちろんのこと融資の元本もすべては回収することができないとします．話を簡単にするために元本の 60% しか回収できないとしましょう．すると，X 社が破綻したときの利得は

$$X 社が破綻した場合の利得 = 0.6 \times 100 億円 - 100 億円$$
$$= -40 億円$$

となります．利得がマイナスですから銀行は損をしたことになります．これを表にまとめると表 2.3 のようになります．先ほどのスーパーの「くじ」の例では損をすることはありませんが，融資という「くじ」では損をする可能性があります．しかし，どちらも受け取る利得の金額が不確実な「くじ」であることには変わりがありません．

ここで話を整理すると，「くじ」とは
1) 起きた状態によって利得が決まる．

表 2.3 企業の破綻と融資の利得(その1)

	企業の破綻	
	起きない	起きる
利得	5	−40
確率	99%	1%

2) しかし,どの状態が起きるか前もってわからない.

3) よって,どの利得が手に入るかも前もってわからない.

ものであるといえます.スーパーのくじの例では「レシートに当たりが出る」と「レシートに当たりが出ない」の2つが起きうる状態です.一方,融資の例では「X社が破綻した」と「X社が破綻しなかった」の2つが起きうる状態になります.そして,起きる状態に応じて表 2.2（スーパーのくじ）や表 2.3（融資）のように利得は変化します.しかし,どの状態が起きるか前もってわからないため,利得がいくらになるかも前もってわかりません.このように起きる状態によって値が変化する変数を確率論では**確率変数 (random variable)** と呼びます.つまり,本節で説明してきた「くじ」とは確率変数のことなのです.また,ある状態が起きる確率とその状態が起きたときの確率変数の値の組合わせを**確率分布 (probability distribution)** と呼びます.表 2.2（スーパーのくじ）や表 2.3（融資）は「くじ」の確率分布の一例です.確率変数と確率分布という概念を使うと,私たちが直面する様々な不確実性を記述することができます.そして,この不確実性にどのように対処するかを考えることが本書の主たる目的です.

2.2 望ましい「くじ」の選択

今までは暗に「くじ」が1種類しかない場合を考えてきました.しかし,現実には複数の「くじ」から最も望ましいものを1つ選ばなくてはいけないことがよくあります.前節の融資の例では融資対象の企業は1社のみでしたが,現実には銀行にとって融資対象となる企業は多数存在しています.そして,その中から優良な企業を選別して融資先を決定することになります.融資の例で出てきたX社に加えて融資先の候補としてY社があるとします.Y社の破綻す

表 2.4 企業の破綻と融資の利得(その 2)

	企業の破綻		期待利得
	起きない	起きる	
利得	5	-40	
X 社の確率	99%	1%	4.55
Y 社の確率	98%	2%	4.10

る確率は X 社よりも高く 2%ですが,破綻時の回収率は同じく 60%であると仮定しましょう.すると金利 5%で 100 億円を融資したときの「くじ」は表 2.4 のようにまとめられます.

それでは X 社と Y 社のどちらに融資すればよいのでしょうか.まず「くじ」の比較を「融資をしたら平均してどれくらいもうかるか」を尺度として考えてみましょう.これは企業が破綻した場合の利得と破綻しなかった場合の利得を企業が破綻しない確率と破綻する確率で加重平均したもの(期待利得)

$$期待利得 = 破綻しない確率 \times 破綻しなかったときの利得$$
$$+ 破綻する確率 \times 破綻したときの利得$$

として定義されます.融資の利得を確率変数とみなすと期待利得はその**期待値 (expected value)** ということになります.期待利得は「平均的な利得」ですから,期待利得が高いほど望ましい選択であるといえます.

各社への融資の期待利得を計算すると

$$X 社の期待利得 = \frac{99}{100} \times 5 億円 + \frac{1}{100} \times (-40 億円) = 4.55 億円$$
$$Y 社の期待利得 = \frac{98}{100} \times 5 億円 + \frac{2}{100} \times (-40 億円) = 4.10 億円$$

となります.期待利得で比べると X 社に融資した方がよいといえそうです.

以上の例では,破綻する確率が異なる企業に同じ金利(5%)で融資を行うという非現実的な状況を考えています.実際には破綻する確率が高い企業には相応の高い金利で融資が行われます.破綻する確率の高い Y 社への融資は 5%ではなく 6%の金利で行われるとしましょう.すると期待利得は

$$Y 社の期待利得 = \frac{98}{100} \times 6 億円 + \frac{2}{100} \times (-40 億円) = 5.08 億円$$

となります．6%でY社に融資すると期待利得（5.08億円）がX社への融資の期待利得（4.55億円）を上回っているのでY社に融資すべきであるように思えます．しかし，このように結論づけると「くじ」の選択における重要な基準を見落としてしまうことになります．それは**リスク (risk)** です．

　融資のリスクを計測するために新たな尺度を導入しましょう．銀行は預金者から提供された資金を運用して利益を上げ，預金者に利息を支払った残りで人件費などの費用をまかない，さらに配当を株主に提供しなければなりません．そこで必要なコストの回収が可能となる利得の水準を目標利得として設定しておき，実際の利得が目標利得をどれだけ下回ってしまったかをみれば融資のリスクが測れそうです．この考えに基づくリスク尺度の1つである目標未達成度は以下のように定義されます．

$$目標未達成度 = \begin{cases} 目標利得 - 利得 & (利得 \leq 目標利得) \\ 0 & (利得 > 目標利得) \end{cases} \quad (2.2)$$

(2.2) 式で定義される目標未達成度は，利得が目標水準を上回ること自体は悪いことではないが目標水準を下回ってしまうのは困るのでリスクとして勘定するというものです．ちなみに，目標未達成度 (2.2) は x と y の大きいほうを選ぶという関数 $\max\{x,y\}$ を使うと，

$$目標未達成度 = \max\{目標利得 - 利得, 0\} \quad (2.3)$$

と表現されます．

　もちろん (2.3) 式で定義される目標未達成度の値は利得によって変化します．期待利得と同じ発想で「目標未達成度の平均的な値」を使ってリスクを測ることにしましょう．すると融資のリスクは

$$\begin{aligned}リスク = &\,破綻しない確率 \times 破綻しなかったときの目標未達成度 \\ &+ 破綻する確率 \times 破綻したときの目標未達成度\end{aligned} \quad (2.4)$$

と定義されます．当然ですが，他の条件が同じであればリスク (2.4) が小さい方が望ましい選択といえます．100億円の融資に対する目標利得を4億円と設定すると，各社への融資のリスクは

$$\begin{aligned}
\text{X 社のリスク} &= \frac{99}{100} \times \max\{4-5, 0\} + \frac{1}{100} \times \max\{4-(-40), 0\} \\
&= 0.44 \\
\text{Y 社のリスク} &= \frac{98}{100} \times \max\{4-6, 0\} + \frac{2}{100} \times \max\{4-(-40), 0\} \\
&= 0.88
\end{aligned}$$

と求まります.X 社と Y 社への融資の期待利得とリスクをまとめると表 2.5 のようになります.

表 2.5 では期待利得(リターン)でみると Y 社が勝っているのですが,リスクでみると X 社のほうに分があります.つまり,Y 社への融資はハイリスク・ハイリターンなものである一方,X 社への融資は Y 社と比べてローリスク・ローリターンであるといえます.そのため X 社と Y 社のどちらに融資すべきかは簡単には決められません.銀行はリターンとリスクのバランスを勘案して融資先を選択することになります.例えば,

$$\text{損失関数} = \text{リスク回避度} \times \text{リスク} - \text{期待利得} \tag{2.5}$$

のような**損失関数 (loss function)** を考え,(2.5) 式を最小にするような融資を行うといった方法が考えられます.(2.5) 式におけるリスク回避度は,1 円の期待利得の上昇によって相殺されるリスクの上昇がどれだけかを与える値です.例えばリスク回避度が 2 ならば,銀行は期待利得を 1 円上げるためには (2.4) 式で定義される目標未達成度のリスクが 0.5 円上昇してもかまわないと考えていることになります.(2.5) 式は損失関数のほんの一例です.損失関数を使った不確実性の下での意思決定に関しては第 4 章で詳しく説明します.

表 2.5 企業への融資の期待利得とリスク

X 社への融資			期待利得	リスク
利得	5	− 40		
確率	99%	1%	4.55	0.44
Y 社への融資			期待利得	リスク
利得	6	− 40		
確率	98%	2%	5.08	0.88

2.3 「くじ」の分布を推測する

　今までは「くじ」は「どれだけの利得を手にするか前もってわからないもの」であるが，どの利得が実現するかという確率（「くじ」の確率分布）はわかっているものとして説明をしてきました．しかし，現実には「くじ」の確率分布もわからない場合がほとんどです．「くじ」の分布がわからないと期待利得などが計算できないので，「くじ」の選択が困難になります．よって，何らかの方法で「くじ」の分布を推測する必要があります．

　融資の例における企業の破綻する確率の推測を考えてみましょう．前節の例ではX社が破綻する確率は1%に設定していましたが，ここではX社の破綻確率が不明であるとしましょう．読者の皆さんならどのような方法でX社が破綻する確率を決定しますか．融資を行うにあたって5人の専門家に意見を聞いてみましょう．

A さん　「私はX社の社長と長年にわたる深い親交がある．社長は堅実な人物であり，X社に融資しても焦げ付きの可能性は万に一つもない」

B さん　「数多くの融資案件を担当してきた私の勘と経験でいうと，X社が向こう5年間に破綻する可能性は確率はたかだか1%だろう」

C さん　「X社と同じ格付けの企業の破綻確率が格付け機関から提供されている．それによると向こう5年間にX社が破綻する確率は1.5%だ」

D さん　「X社の発行している社債の利回りは同じ格付けの企業のものよりも若干高い．これは市場がX社の破綻確率を格付けで想定されている以上にみている証拠である．安全資産である国債の利回りとの差から判断すると，X社が向こう5年間に破綻する確率は1.8%程度である」

E さん　「私が独自に構築した企業財務データ，金融データ，マクロ経済データに基づく破綻予測モデルにX社の財務状況と今後の日本経済の見通しをインプットすると，X社が向こう5年間に破綻する確率は2%と出た」

この5人の意見の妥当性について議論してみましょう．

人物重視派：A さん

　A さんは企業の経営者の資質を重視し，X 社の社長が信頼できる人物だから融資しても問題ないと判断しています．すべての企業にとって経営者が優秀であることは必要ですが，それだけに依存して X 社に全幅の信頼をおくべきではないでしょう．また，「経営者の資質」は数字で測れない個人の能力であり，これを A さんの主観的な尺度で測って「X 社の社長はとてもよい人だ」といわれても「はいそうですか」と額面どおりに受け取ることは難しいでしょう．しかし，このような個人間の信頼関係に基づく融資は小さな町の信用金庫と町工場の社長さんの間であれば比較的よくある話だと思います．

　これを，データに基づいて判断していないきわめて「非科学的」な融資の決定方法であると完全に否定してしまうのは，現実的な対応ではありません．実社会において個人間の信頼関係はきわめて重要であることは読者の皆さんも実感していることと思います．例えば，A さんが過去の個人的な付き合いの中で，約束を破られたことがない，仕事に誠実に取り組んでいる，事業の展開において的確な判断をしてきた，といった X 社の社長の行動をみてきたとします．完全に数値化できないにせよ，こういったことから A さんが X 社の社長の経営者としての資質に関して何らかの有益な情報を持っている可能性は否定できません．このデータ以外のインフォーマルな形で手に入る情報（以下では主観的情報と呼びましょう）を X 社への融資の是非の判断にうまく生かす方法について考える方が，むしろ現実的な対応といえるのではないでしょうか．筆者は主観的情報をデータによってもたらされる情報と融合させて，的確な判断を下すのが望ましい意思決定の手順であると考えます．これこそがベイズ分析の真髄です（詳しくは次節で説明します）．

経験重視派：B さん

　B さんは多数の企業への融資の決定に携わってきました．この経験から X 社の現状で破綻する確率は 1% であると判断を下しています．個人的信頼関係に頼る A さんの場合と同じく「勘と経験」に頼る B さんの判断は何か「非科学的」なものに映るかもしれません．しかし，B さんの「勘と経験」は根拠がないものではありません．企業の破綻する確率を推測するためには企業の状態を様々な角度から分析する必要があります．数多くの企業と仕事をする過程で，実際

に破綻した企業，しなかった企業をつぶさにみてきたBさんの頭の中には，企業の状態を的確に把握し，危ない企業とそうでない企業を見分ける何らかの基準ができあがっているといえるでしょう．現代の科学では人間の頭脳の働きを完全に解明できているわけではありません．しかし，人間の頭脳は集積された情報に基づいて特定のパターンを読み取り判別する能力を持つ優れた「学習する機械」であるといって差し支えないでしょう．事実，ニューラル・ネットワークのように人間の神経細胞の働きを模して機械的に学習をする手法も考案されています．実務経験豊富なBさんの頭の中にある「破綻予測ニューラル・ネットワーク・モデル」がX社の破綻確率1%とはじき出したのであれば，そのような情報をむげに否定するのは得策とはいえません．

そうはいっても，Bさんの頭の中にある「モデル」が目にみえないものである以上，Bさんをよく知らない第三者にとっては説得力に欠ける結論であることは否定できません．その意味でBさんの意見はAさんの意見と同じく主観的情報の域を出るものではありません．第三者の目にもみえる形で結論の妥当性を示すためには，観測されたデータに基づく推測がどうしても必要になります．

格付け重視派：Cさん

Cさんは格付け機関が行った企業の投資適格度に関する判断を重視した方がよいという立場です．格付け機関は，企業の現在の財務情報だけでなく将来の業績の予想や企業を取り巻く環境（産業の将来性や景気動向など）を分析して企業の投資適格度を総合的に判断しています．また，格付け機関は公開されているデータに頼るだけでなく企業に直接赴き各部署の担当者に対して面談を行うなどして情報の収集に努めています．Cさんは，このようにして決定された格付けをX社の投資適格度を正確に反映した尺度として信頼できるものと考えています．

ここで，過去に同じ格付けをされた企業の破綻は同じ確率で互いに独立に起きるものと仮定しましょう（このような設定で起きる現象をベルヌーイ試行と呼びます）．すると，ある格付けをされた企業の中での過去に実際に破綻した企業の割合を計算すれば，それが破綻する確率の推定値となります．こうして推測された破綻確率が1.5%なので，X社もまた1.5%の確率で破綻するだろうとCさんは結論づけているのです．

Cさんの結論は，AさんやBさんのものと異なり格付けという「客観的」な基準と過去の破綻事例の数というデータを使っていることから，読者の皆さんの目には「科学的」に映るかもしれません．しかし，Cさんの結論が妥当であるのは，①格付け機関の行う企業の投資適格度の判断が妥当であり，②同じ格付けの企業の破綻は同じ確率で互いに独立に起きる，という仮定が成り立つときのみです．そもそも格付け機関の判断は完全ではありません．結局のところ格付け機関の中にいるBさんような専門家が各企業の財務情報などを精査して投資適格度を判断しているわけです．もっとも，格付けを長年行ってきているところであれば蓄積されてきたノウハウを持っているでしょうから，個人の経験と比べれば正確な評価が可能かもしれませんが，さらに今は同じ格付けだからといって将来にわたって同じ確率で破綻する保証もありません．なぜなら，同じ格付けをされた企業であっても将来の経済状況の変化から同程度に影響を受けるわけではないからです．例えば，輸出産業と輸入産業では為替レートの変動から受ける影響は正反対です．不況で大打撃を被る産業もあれば比較的景気変動の影響を受けにくい産業もあります．このような将来の経済状況の変化をすべて格付けという単一の指標に反映させることはきわめて困難です．さらに付け加えると，破綻が独立に起きるという仮定も現実的ではないかもしれません．独立性に反する典型的な現象として連鎖倒産があげられます．また，同一産業（あるいは同一地域）に属する企業は産業（地域）全体の景況に影響を受けます．そのため直接の取引がない場合でも同一産業（地域）に属する企業の破綻確率には何らかの相関があると考えるのが妥当でしょう．

　このようにデータに基づく客観的な分析であるといっても，実は様々な仮定に基づいているものです．実際のデータ分析では，仮定が妥当であるかどうか検証したり，仮定を現実的なものに変更したりして対処します．このような分析手法の精緻化の試みは重要ですが，それにも限界があります．本書もデータ分析を扱う本である以上，データの使用は大前提です．しかし，格付けのようなデータがもたらしてくれる破綻確率に関する情報が不完全なものである以上，AさんやBさんが用いているデータ以外の主観的情報も捨てがたいのです．

市場重視派: Dさん

　Dさんは格付け機関の判断だけでなく市場が下したX社の投資適格度に関する判断も重視しようという立場です．これはX社に関するすべての情報は株価や社債価格などに織り込まれているという「効率的市場仮説」に基づく発想です．もし社債を発行している企業が破綻してしまったら，社債の利子の受取りはできなくなり，償還金もゼロとはいかないまでも額面での受取りはできなくなります．そのため市場参加者は自分が保有している社債を発行した企業の状態を絶えず監視しており，もし危なそうな兆候が現れたら即時に売り抜けるという行動に出るでしょう．市場参加者が社債をいっせいに売り出し始めると，当然社債の価格は下落し，結果として利回りは上昇します（債券価格と債券利回りは正反対の向きに動きます）．しかし，社債利回りが上昇すると「くじ」としての社債のリターンが上昇するわけですから，割安感が出て社債を買っておこうという市場参加者も出てくることになります．その結果，社債価格は上昇に転じます．このような価格調整過程を経て，社債利回りに企業が破綻する確率が織り込まれていくことになります．この発想を使うと，通常は安全資産と考えられる国債の利回りとの差（イールド・スプレッド）の大小で社債の危険度を測ることができます．当然，イールド・スプレッドが大きいほど危険な社債ということになります．

　普通の状況であれば，イールド・スプレッドは企業の格付けと連動して決まり，高い格付けの社債ほどイールド・スプレッドが小さくなる傾向があります．しかし，何らかの理由で格付けで決まる水準以上にイールド・スプレッドが拡大することがあります．「効率的市場仮説」に従うと，これは入手した新たな情報によって企業が破綻する可能性が高まったと市場参加者が判断し，格付け機関が格付けを変更する前に社債の売り抜けを開始したためだと考えられます．Dさんは，この現象がX社の社債利回りで起きていると判断して破綻する確率を1.8%と高めに推測したわけです（イールド・スプレッドから破綻確率を推測する様々な方法が考え出されていますが，本書はファイナンスの教科書ではないので説明を割愛します．詳しい解説は木島・小守林[5]などを参考にしてください）．

　Dさんの立場は誰でも観測可能なデータ（イールド・スプレッド）を重視す

るという点で基本的にCさんと同じです．Cさんとの相違点は，Dさんは格付け機関の判断に加えて，債券市場という不特定多数の投資家が集う場において明らかにされるX社の破綻に関する情報も利用しようという点です．市場参加者は，格付けのような公開情報だけでなく独自に入手した様々な情報に基づき取引をしています．その結果，効率的な市場において債券価格が決定される過程で，現時点において市場参加者が持つすべての情報がイールド・スプレッドに織り込まれると考えられるのです．

　以上の議論だけを読むと，イールド・スプレッドを使うのは名案のようにみえるかもしれません．事実，イールド・スプレッドは企業が破綻するリスクの分析でよく使われるデータの1つです．しかし，格付け重視のCさんと同じくデータを使って分析をする立場のDさんの手法にも限界は存在します．データを使った分析は例外なく，データが生成されるメカニズムに関して何らかの仮定をおいたうえで行われます．イールド・スプレッドによる企業の破綻確率の分析は，①市場参加者は情報収集と社債の取引を合理的に行っていて，②社債の市場価格は市場参加者の持つ情報を正確に反映したものである，という仮定に基づいています．しかし，市場参加者がつねに合理的に行動していると仮定してしまってよいのでしょうか．Dさんの指摘するX社のイールド・スプレッドの上昇は，もしかすると市場が過剰に反応しているだけなのかもしれません．あるいは逆に重要な情報を織り込み損ねてX社の破綻のリスクを過小評価しているのかもしれません．また，市場の参加者が合理的でも市場の制度的な制約で情報の織り込みが十分に行われない可能性もあります．社債は国債と異なり流動性が低い，つまり潜在的な取引相手が少ないため社債の売買をしたくてもすぐにできないことが知られています．そのため取引の頻度が減って価格調整過程があまり機能せず，破綻に関する情報が速やかにイールド・スプレッドに反映されない可能性があります．以上述べたような様々な理由により，大前提である「効率的市場仮説」が成り立っていない可能性があるのです．やはりイールド・スプレッドによる破綻確率の評価も格付けによる評価と同様に完全なものではないのです．

モデル重視派：Eさん

　EさんはガチガチのモデルÊ重視派です．Eさんは企業が破綻する確率を予測するには格付けやイールド・スプレッドだけでは不十分であると考えています．そこで企業の財務情報や景気動向などのデータも利用した破綻確率を予測するモデルを作り，これを使ってX社が破綻する確率を2%と割り出しました．

　ここでいうところの「モデル」とは，予測対象（企業が破綻する確率）と何らかの関係を持つと考えられる様々な説明変数（企業の財務情報，株価や社債利回り，景気動向指標など）から将来の予測対象の値を求める関数です．数学用語である「説明変数」や「関数」を難しいと感じる読者の皆さんは，「説明変数」を「状況」，「関数」を「ルール」と置き換えて考えてもよいでしょう．つまり，企業がおかれている状況から企業の破綻を予測するルールが破綻予測モデルです．破綻予測モデルの構築では過去において企業の破綻が起きた状況に共通のパターンをみつけること目指します．もし破綻した企業に共通してみられる状況（例えば，売上高の減少，有利子負債の増加，株価の低迷など）がみつかれば，今度は現在のX社を取り巻く状況が破綻に至るほど悪化しているかどうかを測定してX社が破綻する確率を推定することになります．数式で表現された破綻予測モデルでは，どのように破綻確率の推定値が計算されているのかが数式をみるだけで理解できます．そのためBさんのように第三者が検証することが難しい「勘と経験」に依拠した予測よりもはるかに透明性の高い手法であるといえます．

　しかし，どのような説明変数を使うか，どのような数式（関数形）で破綻予測モデルを表現するかは，最終的にEさんの主観的な判断にゆだねられることになります．もちろんデータに基づいて使うべき説明変数やモデルの関数形を比較し選択することも可能ですが，それでも正確に将来の破綻確率の予測ができるようになるという意味で「正しい」モデルの定式化（使用する説明変数の種類とモデルの関数形）を知ることは不可能です．なぜならモデルを構築する際に使用できるデータはすべて過去のものでしかないからです．たとえ過去の企業の破綻確率を完全に説明できるモデルをみつけることができたとしても，そのモデルが将来においても有効であり続けるという保証は全くありません．企業の破綻確率に限らずモデルによる予測というものは，過去において起きた現

象の説明に有効であったモデルが将来においても有効であり続けるという仮定が成り立って初めて機能するものなのです．はたして時々刻々と変化する経済の中で企業の破綻確率を予測できる唯一無比のモデルが存在するなどと言い切れるものなのでしょうか．極論すれば，AさんがⅠ私はX社の社長を信じる」ことと E さんが「私は自分が作った破綻予測モデルを信じる」ことは主観的情報に基づく「信念の跳躍」という点で同じなのかもしれません．

a. 論点のまとめ

仮想的な 5 人の専門家の意見の是非について議論をしてきましたが，ここで論点を整理しましょう．企業が破綻する確率を推測する方法の議論の中で出てきたキーワードは，①主観的情報，②データ，③モデルです．これらは「くじ」の分布の推測において異なる役割を果たしています．

(1) 主観的情報

インフォーマルな形で入手された個人の主観的情報だけに基づいた推測は，その妥当性を第三者が検証することが困難です．そのため他者（顧客，上司など）を納得させる材料としては力不足です．しかし，何らかの有用な情報であることに変わりはないので活用する道を探るべきでしょう．

(2) データ

主観的情報と異なり誰でも観測できるデータに基づく推測は，第三者による検証が可能であり他者を説得する材料としても有効です．しかし，データの生成に関する仮定が予測の妥当性に対して決定的な影響力を持つので，データを使っているから大丈夫というわけでもありません．

(3) モデル

数式で表現されたモデルによって推測を行うことは，データ分析では標準的な作業手順です．通常，モデルは誰でも観測できるデータを説明変数として用い，モデルの関数形も明示的に与えられているので，第三者による検証が可能です．しかし，過去のデータだけを使って将来を正確に予測できるモデルを作ることができると考えてはいけません．

個人の主観的情報のみに基づく推測は本人としては納得して判断を下すことができるでしょうが，他者からみると単なる「あてずっぽう」あるいは「独りよがりな予想」にしかみえないかもしれません．一方，データとモデルを使っ

た推測は一見「客観的」な分析のようですが，どうしてもデータの生成に関する仮定やモデルの定式化などに不確実性が残ります．それではどのようにして「くじ」の分布を推測すべきでしょうか．誰でも検証ができるような推測を行うためには，観測されたデータを推測の中心に据えるべきであることに異論はないでしょう．また，様々なデータを駆使して分布の推測を体系的に行うためには数式で記述されたモデルの利用が不可欠です．しかしながら，モデルの構築においてデータ以外のソースからもたらされた情報（主観的情報）を全く無視するというのは得策ではありません．むしろ主観的情報に基づく分布を出発点として，データがもたらす情報を分布に織り込んでいくことで漸進的に分布の推測を行っていけば，主観的情報とデータで得られる情報の両方を活用できるのではないでしょうか．これがベイズ分析の発想です．次節では簡単な例を使ってベイズ分析の基本的な流れを説明しましょう．

2.4 ベイズ分析の第一歩

　前節では企業が破綻する確率を例にして不確実な確率分布をどのようにして推測するかを議論しました．しかし，企業の破綻予測モデルのベイズ分析は，内容が高度すぎて本書の範囲を超えています（例えば，木島・小守林[5]が古典的統計学の枠組みによる企業破綻のモデル分析を詳しく扱っているので参考にしてください）．代わりに本節では企業に対する信頼がどのように醸成されるか（あるいは失われるか）を例にしてベイズ分析を説明します．融資に限らず企業と取引をするうえで相手企業が信頼できるかどうかは非常に重要です．しかし，これと前節で議論してきた不確実な分布の推測との間にどのような関係があるのかと読者の皆さんは疑問に感じることと思います．実は取引先企業に対する信頼の醸成とは相手が信頼できる企業である確率が高くなっていくことであり，逆に相手に対する信頼が失われることは信頼できる企業である確率が低くなっていくことである，と解釈すると，企業が破綻する確率の推測と同じ論理で相手が信頼できる企業である確率の推測を議論できます．そして，信頼できる企業である確率が取引先企業の行動によって更新される仕組みをみることで，ベイズ分析の基本原理である**ベイズの定理** (**Bayes theorem**) が理解

できるのです．

では話を本題に戻しましょう．読者の皆さんならどのようにして相手が信頼できる企業かどうかを見分けますか．前節の A さんの立場に立ち，信頼できる企業であるかをどうかを過去の企業の行動から判断することにしましょう．企業に限らず，個人でも日頃の行いのよい人は信頼され悪い人は信頼されない傾向があるのはわかりますね．ここでは「日頃の行い」の一例として，納期をきちんと守ったかどうかを判断材料として企業の信頼度を推測することを考えましょう．

ここで，前節にも出てきた X 社に登場してもらいましょう．これから X 社と取引をしようとする企業の担当者にとって，X 社が信頼できる企業か信頼できない企業かを事前に判別できないとしましょう．X 社の信頼度は前もって観測できないものの，X 社が信頼できる企業であればきちんと納期を守り，信頼できない場合には納期に遅れがちになるとします．そうすると，X 社が過去にどれだけ納期を守ったかをみることで観測できない X 社の信頼度を推測できそうです．例えば，納期を必ず守っていれば信頼できると判断し，一度でも納期に遅れれば信頼できないと判断する，という基準で X 社の信頼度を推測することができます．しかし，これは少々厳しすぎる基準かもしれません．なぜなら納期の遅れは X 社に責任のない何らかの不可抗力によるものかもしれないからです．ですから，一度納期に遅れたからといって，X 社を全く信頼できない企業であると決めつけるのは早計でしょう．しかし，あまりにも頻繁に納期を守らないと X 社は信頼できないと判断せざるを得ないでしょうね．不渡りは 2 回目まで，仏の顔も三度までです．

では何回納期に遅れたら X 社を信頼できない企業であると判断すればよいのでしょうか．ベイズの定理を使えば，これを確率の枠組みで説明することができます．ベイズの定理を使う準備として，まず納期の遅れと企業の信頼度の関係を確率的に表現することにしましょう．統計学では実験や観測などの起きうる結果のことを**事象 (event)** と呼びます．以下では，事象は $A, B, \ldots$ などと大文字のアルファベットで表記します．そして，「事象 A が起きない」という事象は右肩に小文字の c をつけて A^c とします．「納期に遅れる」という結果も「X 社が信頼できる企業であるとわかる」という結果も事象とみなせます．以下で

は「納期に遅れる」という事象を A,「X 社が信頼できる企業であるとわかる」という事象を B と表記しましょう.すると「納期を守る」という事象は「納期に遅れる」という事象が起きないことですから A^c となります.同じ理由で「X 社が信頼できない企業であるとわかる」という事象は B^c です.

次に事象が起きる確率を考えましょう.以下では各事象が起きる確率を $P(A)$, $P(B)$, ... と表記します.さらに別の事象が起きたという条件の下での事象の確率という概念を導入しましょう.これを**条件付確率 (conditional probability)** と呼びます.例えば,事象 B が起きたという条件の下での事象 A が起きる条件付確率は $P(A|B)$ と表記されます.この条件付確率を使うと,納期が守られるかどうかと企業の信頼度の関係を記述することができます.もし X 社が信頼できる企業であれば納期に遅れることはないとしましょう.これは「X 社が信頼できる企業であるとわかる」という事象 B が起きれば「納期に遅れる」という事象 A は起きないということを意味します.つまり,X 社が信頼できる企業であるとわかったという条件の下で納期に遅れる条件付確率 $P(A|B)$ は

$$P(A|B) = 0$$

です.逆に X 社が信頼できる企業であるとわかったという条件の下で納期を守る条件付確率 $P(A^c|B)$ は

$$P(A^c|B) = 1$$

となります.条件付確率も確率であることに変わりはないので $P(A|B) + P(A^c|B) = 1$ が成り立つことに注意しましょう.一方,X 社が信頼できない企業である場合には 2 回に 1 回の割合で納期に遅れると仮定しましょう.このとき X 社が信頼できない企業であるとわかったという条件の下で納期に遅れる条件付確率 $P(A|B^c)$ と納期を守る条件付確率 $P(A^c|B^c)$ は,それぞれ

$$P(A|B^c) = \frac{1}{2}, \qquad P(A^c|B^c) = \frac{1}{2}$$

です.ここでも $P(A|B^c)$ と $P(A^c|B^c)$ の和は 1 です.以上をまとめると納期の遅れに関する条件付確率分布は表 2.6 のようになります.

表 2.6 の 2 つの条件付確率分布と X 社が信頼できるかどうかは 1 対 1 で対

表 2.6 納期の遅れの条件付確率分布(その 1)

	条件付確率分布	
	納期に遅れる (A)	納期を守る (A^c)
信頼できる (B)	0	1
信頼できない (B^c)	1/2	1/2

応しています.つまり,X 社が信頼できるのであれば表 2.6 の信頼できる場合の条件付分布で納期の遅れが生じ,X 社が信頼できないのであれば表 2.6 の信頼できない場合の条件付分布で納期の遅れが生じることになります.そのため,X 社が信頼できるかどうかを推測することは,表 2.6 の条件付分布のどちらで過去の X 社の行動(納期を守ったかどうか)が決まったかを推測することと同じになります.それでは,どのようにして過去の X 社による納期の遅れ方のパターンから表 2.6 のどちらの条件付分布が X 社の実情にあっているかを判断すればよいのでしょうか.

この目的にベイズの定理を利用できます.今 2 つの事象 A と B があり,起きたことが観測された事象を A,現在起きているどうか観測できない事象を B としましょう.さらに,B が起きる確率 $P(B)$,B が起きない確率 $P(B^c)$,B が起きたときに A が起きる条件付確率 $P(A|B)$,B が起きなかったときに A が起きる条件付確率 $P(A|B^c)$ がわかっているとします.すると A が観測されたときに B が起きている可能性,つまり条件付確率 $P(B|A)$ は,ベイズの定理

$$P(B|A) = \frac{P(A|B)P(B)}{P(A|B)P(B) + P(A|B^c)P(B^c)} \tag{2.6}$$

で与えられることになります.確率の乗法定理と加法定理を使うと

$$P(A|B)P(B) + P(A|B^c)P(B^c) = P(A \cap B) + P(A \cap B^c) = P(A)$$

となるので,(2.6) 式は

$$P(B|A) = \frac{P(A|B)}{P(A)}P(B) \tag{2.7}$$

と書き直されます.

(2.7) 式のベイズの定理で,A が観測されたという情報が B が起きている確率にどのように織り込まれるかをみてみましょう.まず B が起きると A が起き

やすくなる状況（$P(A|B) > P(A)$）を考えましょう．常識的に考えると，B が起きていると A が起きやすいのですから，現実に A が観測されれば B が起きている可能性が高まったと判断できるでしょう．(2.7) 式では $P(A|B) > P(A)$ であれば $P(B|A) > P(B)$ となるので，この「常識」とベイズの定理は一致しています．逆に B が起きると A が起きにくくなる状況（$P(A|B) < P(A)$）では，A が観測されれば B が起きている可能性は低くなったと判断できるはずです．この場合でも (2.7) 式で $P(A|B) < P(A)$ のとき $P(B|A) < P(B)$ となるので，やはりベイズの定理は「常識」と整合的です．要するに，ベイズの定理とは「ある条件下で起きやすい（起きにくい）現象が観測されたのであれば，その条件が満たされている可能性が高まった（低くなった）はずである」という私たちが日々行っている判断を数学的に表現したものなのです．

　それでは X 社の信頼度の推測にベイズの定理 (2.6) がどのように使われるかをみてみましょう．「納期に遅れる」という事象が A，「X 社が信頼できる企業とわかる」いう事象が B でした．ここで X 社の取引相手が X 社を信頼できる企業かどうか五分五分であると考えていると仮定しましょう．これは確率で表現すると

$$P(B) = P(B^c) = \frac{1}{2} \tag{2.8}$$

であることを意味します．ベイズ分析では，(2.8) 式の確率を**事前確率 (prior probability)** と呼び，事前確率の組合わせを**事前分布 (prior distribution)** と呼びます．ここでいう「事前確率」とは「新たにデータが観測される前の確率」という意味です．つまり，事前確率はデータではなく主観的情報に基づいて決定された確率です（後でも言及しますが，事前確率は古いデータに依存してもかまいません．このような事前確率は新しいデータを入手するたびに企業の信頼度を更新するような場合に現れます）．ベイズ分析では，新しいデータが観測される前の情報を**事前情報 (prior information)** と呼びます．事前確率は事前情報のみを反映した確率です．

　さて，実際に X 社が納期を守らなかったとしましょう．ベイズの定理 (2.6) を使うと，X 社が納期を守らなかったという条件の下で X 社が信頼できる企業である条件付確率は

$$P(B|A) = \frac{P(A|B)P(B)}{P(A|B)P(B) + P(A|B^c)P(B^c)}$$
$$= \frac{0 \times (1/2)}{0 \times (1/2) + (1/2)(1/2)} = \frac{0}{1/4} = 0 \qquad (2.9)$$

となります．ベイズ分析では，(2.9) 式の条件付確率 $P(B|A)$ を**事後確率 (posterior probability)** と呼び，事後確率の組合わせを**事後分布 (posterior distribution)** と呼びます．「事後確率」とは「新たにデータが観測された後の確率」という意味で，事前情報と新しいデータによって得られた情報の両方を反映した確率です．事後確率がゼロですから，納期を守らなかった X 社は信頼できる企業である可能性はない，つまり信頼できないと結論づけることになります．この例では「納期に遅れた」という新しい情報によって X 社が信頼できる企業である可能性が五分五分からゼロへ一気に下がってしまいましたが，一度納期に遅れたからといって信頼できないと決めつけるのも厳しいようにみえるかもしれません．しかし，表 2.6 では信頼できる企業は必ず納期を守ると想定しているので，一度でも納期に遅れれば即信頼できない企業と断定することができます．

では何らかの手違いで信頼できる企業でも納期に遅れることがあるとしてみましょう．例えば，信頼できる企業の納期に関する条件付確率が

$$P(A|B) = \frac{1}{20}, \qquad P(A^c|B) = \frac{19}{20} \qquad (2.10)$$

であると仮定しましょう．これは信頼できる企業でも 20 回に 1 回の割合で納期に遅れてしまうという状況を想定しています．他の確率はすべて同じであるとすると，納期の遅れの条件付確率分布は表 2.7 のようになります．この場合 X 社が納期を守らなかったときに X 社が信頼できる企業である事後確率は

表 2.7 納期の遅れの条件付確率分布(その 2)

	条件付確率分布	
	納期に遅れる (A)	納期を守る (A^c)
信頼できる (B)	1/20	19/20
信頼できない (B^c)	1/2	1/2

$$P(B|A) = \frac{P(A|B)P(B)}{P(A|B)P(B) + P(A|B^c)P(B^c)}$$
$$= \frac{(1/20)(1/2)}{(1/20)(1/2) + (1/2)(1/2)} = \frac{1/40}{11/40} = \frac{1}{11} \qquad (2.11)$$

となります．この例では，一度納期に遅れただけで信頼できる企業である事後確率がいきなりゼロになるということはありませんが，それでも $1/2$ から $1/11$ へと急落しています．

次に，信頼できる企業の納期に関する条件付確率は引き続いて (2.10) 式のものですが，事前分布が

$$P(B) = 1, \qquad P(B^c) = 0 \qquad (2.12)$$

である場合を考えましょう．これは X 社が信頼できる企業であると絶対的に確信している状況を表しています．すると，X 社が納期を守らなかったときに X 社が信頼できる企業である事後確率は

$$P(B|A) = \frac{P(A|B)P(B)}{P(A|B)P(B) + P(A|B^c)P(B^c)}$$
$$= \frac{(1/20) \times 1}{(1/20) \times 1 + (1/2) \times 0} = \frac{1/20}{1/20} = 1 \qquad (2.13)$$

となります．つまり，事前分布が (2.12) 式で与えられる場合には X 社が信頼できる企業であると確信しているため，「X 社が納期に遅れた」という新しい情報が入ってきても X 社に対する信頼度が全く揺るがないのです．

今までは 1 回だけ納期の遅れた場合の X 社が信頼できる企業である事後確率をみてきました．次に，X 社が続けて何回も納期に遅れた場合に X 社に対する信頼がどのように失われていくかをみてみましょう．「i 回目の納期に遅れる」という事象を A_i $(i=1,2,3,\ldots)$ と表記しましょう．そして，各回の納期の遅れは表 2.7 で与えられる同じ条件付確率で互いに独立に生じるとします．ここで 2 回目の納期の遅れが生じたとしましょう．すでに X 社が一度納期に遅れたことはわかっているので，(2.8) 式の事前分布の代わりに (2.11) 式の事後確率を新しい事前分布

$$P(B|A_1) = \frac{1}{11}, \qquad P(B^c|A_1) = \frac{10}{11}$$

に使います．すると，X 社が信頼できる企業である事後確率は

$$P(B|A_1 \cap A_2) = \frac{P(A_2|B)P(B|A_1)}{P(A_2|B)P(B|A_1) + P(A_2|B^c)P(B^c|A_1)}$$
$$= \frac{(1/20)(1/11)}{(1/20)(1/11) + (1/2)(10/11)} = \frac{1/220}{101/220} = \frac{1}{101}$$
(2.14)

となります．(2.14) 式の $P(B|A_1 \cap A_2)$ は，「1 回目と 2 回目の納期に遅れる」という事象 $A_1 \cap A_2$ が起きたという条件の下で「X 社が信頼できる企業とわかる」という事象 B が起きる条件付確率です．さらに 3 回目の納期の遅れが生じたとしましょう．今度は (2.14) 式の事後確率を新しい事前分布

$$P(B|A_1 \cap A_2) = \frac{1}{101}, \qquad P(B^c|A_1 \cap A_2) = \frac{100}{101}$$

に使うと，X 社が信頼できる企業である事後確率は

$$P(B|A_1 \cap A_2 \cap A_3) = \frac{P(A_3|B)P(B|A_1 \cap A_2)}{P(A_3|B)P(B|A_1 \cap A_2) + P(A_3|B^c)P(B^c|A_1 \cap A_2)}$$
$$= \frac{(1/20)(1/101)}{(1/20)(1/101) + (1/2)(100/101)}$$
$$= \frac{1/2020}{1001/2020} = \frac{1}{1001}$$
(2.15)

となります．(2.8) 式の事前確率から始めて，納期の遅れが 1 回，2 回，3 回と増えるにつれ X 社が信頼できる企業である事後確率がどのように変化するかをまとめると，表 2.8 のようになります．表 2.8 では，最初の事前確率の段階では X 社は五分五分で信頼できると考えていましたが，納期に遅れるたびに X 社が信頼できる企業である事後確率は低下し続けます．そして，3 回も納期に遅れた後では X 社が信頼できる企業である事後確率は 0.1% を下回ってしまいま

表 2.8 事後確率の変遷

	信頼できる (B)	信頼できない (B^c)
事前確率	1/2	1/2
事後確率（1 回目）	1/11	10/11
事後確率（2 回目）	1/101	100/101
事後確率（3 回目）	1/1001	1000/1001

2.4 ベイズ分析の第一歩

す．それだけ X 社に対する信頼が失われたということです．

ちなみに (2.12) 式の事前確率を使って同じことをしてみると

$$P(B|A_1) = \frac{P(A_1|B)P(B)}{P(A_1|B)P(B) + P(A_1|B^c)P(B^c)}$$
$$= \frac{(1/20) \times 1}{(1/20) \times 1 + (1/2) \times 0} = \frac{1/20}{1/20} = 1$$

$$P(B|A_1 \cap A_2) = \frac{P(A_2|B)P(B|A_1)}{P(A_2|B)P(B|A_1) + P(A_2|B^c)P(B^c|A_1)}$$
$$= \frac{(1/20) \times 1}{(1/20) \times 1 + (1/2) \times 0} = \frac{1/20}{1/20} = 1$$

$$P(B|A_1 \cap A_2 \cap A_3) = \frac{P(A_3|B)P(B|A_1 \cap A_2)}{P(A_3|B)P(B|A_1 \cap A_2) + P(A_3|B^c)P(B^c|A_1 \cap A_2)}$$
$$= \frac{(1/20) \times 1}{(1/20) \times 1 + (1/2) \times 0} = \frac{1/20}{1/20} = 1$$

となります．さらに X 社が 4 回，5 回，6 回と何度納期に遅れても X 社が信頼できる企業である事後確率はずっと 1 のままです．つまり，X 社が信頼できる企業であると盲信しているため，何度裏切られても信頼度は揺るがないのです．

この例が示すように，(2.12) 式のような極端な主観的情報を用いると新しくデータが手に入っても事前確率が全く更新されないことになります．主観的情報に対して「客観的ではない」「非科学的である」という印象を持つ読者の皆さんもいると思います．(2.12) 式のような主観的情報に基づく分析は，データが何であれ「X 社は絶対的に信頼できる」という結論しか出てこないので，確かに「客観的」な分析には程遠い「非科学的」な分析といえるでしょう．要するに，(2.12) 式を使ってしまうと「最初に結論ありき」の分析もどきになってしまいます．世間的に「主観的」という言葉から連想されるイメージが「独断と偏見」であるのは，主観的な判断は (2.12) 式のような事前分布を使うものだと思われているからかもしれません．しかし，表 2.8 に示されているように，同じく主観的情報にすぎない (2.8) 式を事前分布として使うと，納期の遅れがたび重なるにつれて X 社が信頼できる企業である事後確率はどんどん下がってい

きます．つまり，データの蓄積によって事後分布が更新されているのです．この新しく入手されたデータによる確率分布の更新という点を考慮すれば，主観的情報を使うこと自体が悪いという結論は出てきません．もちろん主観的情報ですべてが決まるような事態を避けるため，ベイズ分析ではデータの蓄積が最後にものをいうような事前分布を想定しておく必要があります．実際に行われているベイズ分析の応用では，(2.12) 式のような極端な事前分布が使われることはなく，データの蓄積がきちんと事後分布に反映されるようになっています．

最後に，過去の X 社の行動から推測した事後分布を使って，今後も X 社と取引を続けるべきかどうかの意思決定を行う方法を説明しましょう．例として，X 社が納期を守れば 1 回の取引で 100（万円）の利益を得るが，納期に遅れれば 50（万円）の損失を被るとしましょう．ここでは (2.3) 式の目標未達成度を使ってリスクの比較を行います．目標利得を 50（万円）とすると，X 社が納期に遅れた場合と納期が守られた場合の目標未達成度は

$$
目標未達成度 = \begin{cases} \max\{50-(-50), 0\} = 100 & （納期に遅れた場合）\\ \max\{50-100, 0\} = 0 & （納期が守られた場合）\end{cases}
$$

です．(2.8) 式の事前分布と表 2.7 の条件付確率分布を使うと「1 回目の納期に遅れる」という事象 A_1 の確率は

$$
\begin{aligned}
P(A_1) &= P(A_1|B)P(B) + P(A_1|B^c)P(B^c) \\
&= \frac{1}{20} \times \frac{1}{2} + \frac{1}{2} \times \frac{1}{2} = \frac{11}{40}
\end{aligned} \quad (2.16)
$$

となります．(2.16) 式の確率を用いてリスクを計算すると

$$
\begin{aligned}
リスク &= 納期に遅れる確率 \times 遅れたときの目標未達成度の値 \\
&\quad + 納期が守られる確率 \times 守られたときの目標未達成度の値 \\
&= \frac{11}{40} \times 100 + \frac{29}{40} \times 0 = \frac{55}{2} = 27.50
\end{aligned}
$$

となります．次に X 社が 1 回納期を守らなかったとしましょう．一度納期に遅れたという条件の下で「2 回目の納期に遅れる」という事象 A_2 の起きる条件付確率は

2.4 ベイズ分析の第一歩

$$P(A_2|A_1) = P(A_2|B)P(B|A_1) + P(A_2|B^c)P(B^c|A_1)$$
$$= \frac{1}{20} \times \frac{1}{11} + \frac{1}{2} \times \frac{10}{11} = \frac{101}{220} \tag{2.17}$$

です．(2.17) 式で与えられる納期の遅れに関する確率分布を**予測分布 (predictive distribution)** と呼びます．(2.17) 式の左辺 $P(A_2|A_1)$ は 1 回納期に遅れたことが観測されたという条件の下で 2 回目の納期の遅れが出る条件付確率ですが，X 社が信頼できる企業かどうかの事象 B に依存していません．つまり，(2.17) 式の $P(A_2|A_1)$ は X 社が信頼できるかどうかとは関わりなく納期が遅れる確率を与えるものです．このときのリスクは

$$1 \text{回納期に遅れた後のリスク} = \frac{101}{220} \times 100 + \frac{119}{220} \times 0 = \frac{505}{11} \approx 45.91$$

です．続いて X 社が 2 回目の納期も守らなかったとしましょう．2 度納期に遅れたという条件の下で「3 回目の納期に遅れる」という事象 A_3 の起きる条件付確率は

$$P(A_3|A_1 \cap A_2) = P(A_3|B)P(B|A_1 \cap A_2) + P(A_3|B^c)P(B^c|A_1 \cap A_2)$$
$$= \frac{1}{20} \times \frac{1}{101} + \frac{1}{2} \times \frac{100}{101} = \frac{1001}{2020} \tag{2.18}$$

ですから，このときのリスクは

$$2 \text{回納期に遅れた後のリスク} = \frac{1001}{2020} \times 100 + \frac{1019}{2020} \times 0 = \frac{5005}{101} \approx 49.55$$

となります．以上をまとめると表 2.9 のようになります．

表 2.9 では，X 社が納期に遅れるたびに次の納期がまた守られない確率はどんどん上がっていきます．表 2.8 に示されているように X 社が納期を守らないため X 社に対する信頼は低下する一方ですから，次の納期も守られないと予想

表 2.9 予測分布とリスクの変遷

	納期に遅れる	納期を守る	リスク
目標未達成度	100	0	
予測分布（取引前）	11/40	29/40	27.50
予測分布（1 回目）	101/220	119/220	45.91
予測分布（2 回目）	1001/2020	1019/2020	49.55

されるわけです．これはきわめて自然な判断であるといえますね．そして，納期に遅れる確率が上昇するにつれてリスクも増大していくことになります．あまりにもリスクが高くなると，X社と取引してももうからないと判断せざるを得なくなるでしょう．最後にはX社との取引を停止したほうがよいという結論に達することになります．

　もうすでにお気づきの読者の皆さんもいるかもしれませんが，表 2.9 をよくみると納期に遅れるたびに納期が守られない確率が 2 分の 1 に近づく傾向があるのがわかります．この 2 分の 1 という値は，表 2.7 のX社が信頼できない企業であるときに納期に遅れる確率です．つまり，あまりにも頻繁に納期を守らないと「X社は信頼できない企業である」とほぼ断定できるようになるのです．

2.5　ま　と　め

　本章では，まず最初に不確実な現象をある確率分布に従って結果が決まる「くじ」の一種と考えると，不確実性の下での意思決定は望ましい「くじ」の選択と解釈されることを説明しました．しかし，現実の応用では肝心の確率分布自体が未知であるため，意思決定を行う際には何らかの方法で「くじ」の確率分布を推測する必要があります．そこで「くじ」の確率分布の推測に関する問題点を整理し，その問題がベイズ分析でどのように扱われるかを説明しました．ベイズ分析では

- 確率分布に関して意思決定主体が持つ主観的情報
- 確率分布から生成されたデータがもたらす情報

をベイズの定理を用いて融合した事後分布によって「くじ」の確率分布の推測を行います．さらに事後分布から求めた予測分布を使って，「くじ」の結果の予測と望ましい「くじ」の選択を行うことになります．本章では，この手順を企業の信頼度と納期の遅延という簡単な例を使って説明しました．

キーワード：確率，確率変数，確率分布，不確実性の下での意思決定，損失関数，主観的情報，事前分布，事後分布，予測分布

練 習 問 題

1. 自動車保険の加入者の中でスポーツタイプの乗用車に乗っている者とそれ以外の車種の乗用車に乗っている者がいるとします.「保険加入者がスポーツタイプの乗用車に乗っている」という事象を B,「保険加入者がスポーツタイプ以外の車種の乗用車に乗っている」という事象を B^c と表記しましょう. さらに「保険加入者が事故を起こす」という事象を A,「保険加入者が事故を起こさない」という事象を A^c とします. ここで, 保険加入者の中でスポーツタイプの乗用車に乗っている者の割合, つまり $P(B)$ は 0.1 であったと仮定します. また, スポーツタイプとそれ以外の乗用車に乗っている保険加入者が事故を起こす条件付確率がそれぞれ $P(A|B) = 0.01$ および $P(A|B^c) = 0.001$ であったと仮定します.

a) $P(B^c)$ を求めましょう.
b) $P(A \cap B)$ を求めましょう.
c) $P(A \cap B^c)$ を求めましょう.
d) $P(A)$ を求めましょう.
e) $P(B|A)$ を求めましょう.

2. 融資先が信頼できる企業であるかどうかがわからない状況で, 銀行が企業に融資を行うことを考えましょう. 銀行は企業が信頼できるかどうかと企業に対する融資が返済されるかどうかに関する同時確率を知っており, それは表 2.10 で与えられるとします.

a) 融資が返済されない確率を求めましょう.
b) 信頼できる企業に融資できる確率を求めましょう.
c) ある企業の融資が返済されなかったとします. この企業が信頼でき

表 2.10 企業の信頼度と融資の返済の同時確率

	融資先	
	信頼できる	信頼できない
融資を返済する	0.45	0.25
融資を返済せず	0.05	0.25

ない企業であった確率を求めましょう．

d) ある企業が信頼できないという事実が判明したとします．この企業への融資が返済されない確率を求めましょう．

3

成功と失敗のベイズ分析

前章で例としてあげた企業の破綻や納期の遅延などは「起きる」と「起きない」の2つの状態しかありません．このような現象には

- コインを投げて表が出るか裏が出るか
- 医薬品の臨床試験などで投薬の効果があったかなかったか
- 製品が不良品であるかないか
- 世論調査，意識調査などで2つしかない選択肢のどちらを回答するか
- 野球で打者が安打を打つか打たないか

などの多くの事例があります．これらの現象を確率的に表現したものの1つに**ベルヌーイ試行 (Bernoulli trial)** があります．「試行」とは正式には繰り返し行われる実験や観測などを指しますが，コイン投げや野球の打撃のように結果がランダムに決まる現象一般を「試行」と呼んでも差し支えありません．もし試行が

1) 試行の結果は「成功」と「失敗」の2種類のみである．
2) 成功する確率はすべての試行で同じである．
3) 各試行の結果は互いに独立に決まる．

という条件を満たしているとベルヌーイ試行となります．

本章では，前章で考えた企業の破綻と納期の遅延を引き続き例として使いつつ，ベルヌーイ試行の成功確率に関する推論と将来のベルヌーイ試行の結果の予測を行うベイズ的手法を考察します．まず3.1節で成功確率の事後分布を導出し，それに基づいて3.2節で未知の値である成功確率を推測する方法を説明します．続いて3.3節で成功確率の事後分布からベルヌーイ試行の予測分布を導出し，予測分布に基づく将来の予測と意思決定を解説します．例としては最も簡単なモデルの1つであるベルヌーイ試行を使っていますが，本章で解説するベ

イズ分析の手順はすべてのベイズ分析で共通して使われる基本ツールです．本章を完全に理解できればベイズ分析の基礎が理解できたといってよいでしょう．

3.1 ベルヌーイ試行の成功確率の事後分布

3.1.1 ベルヌーイ試行とベルヌーイ分布

前章の例では，取引先企業（X社）が信頼できるかできないかの2通りしかないという仮定の下で，ベイズの定理を使ってX社が信頼できるかを，過去に納期をきちんと守ったかどうかで判断する方法を議論しました．しかし，企業が信頼できるかできないかの2通りしかないという仮定は少し非現実的です．実際には信頼の高い企業から全く信頼できない企業までいろいろあるでしょうから，信頼度が最高の企業から最低の企業まで連続的に変化すると仮定したほうが現実的でしょう．また，前章では納期に遅れる確率は信頼できる企業の場合と信頼できない企業の場合の2通りしかありませんでした．これも企業の信頼度の変化に応じて納期に遅れる確率も連続的に変化すると仮定し直しましょう．当然のことですが，信頼度が高いほど納期に遅れる確率は低くなり，信頼度が低いほど納期に遅れる確率は高くなります．信頼度が最高の企業が納期に遅れる確率を0，最低の企業が納期に遅れる確率を1，中間の企業が納期に遅れる確率は0と1の間にあるとしましょう．こうすると，信頼できるかできないかの二分論ではなく，企業の信頼度に応じて納期に遅れる確率を推測できるようになります．さらに付け加えると，この文脈では企業の信頼度の推測は企業が納期に遅れる確率の推測と完全に一致しているため，以下では明示的に信頼度を考えることはしません．納期に遅れる確率の推測だけをみていきます．

前章では明示的には仮定していませんでしたが，納期の遅れはベルヌーイ試行の一種であるとして事後分布や予測分布の導出をしています．納期に遅れることを「成功した試行」というのは変ですが，確率論の慣例に従って納期に遅れる確率を「成功確率」と呼び，π（円周率ではありません）と表記することにしましょう．さらに，i回目の納期 ($i=1,2,3,\ldots$) に遅れれば1，納期を守れば0をとる変数 X_i

3.1 ベルヌーイ試行の成功確率の事後分布

$$X_i = \begin{cases} 1 & (\text{納期に遅れる}) \\ 0 & (\text{納期を守る}) \end{cases} \quad (3.1)$$

を考えましょう．(3.1) 式の X_i は納期に遅れるかどうかによってランダムに値が変化する変数で確率変数の一種です．そして，納期に遅れる確率は π ですから，(3.1) 式の X_i の確率分布は

$$\Pr\{X_i = x_i\} = \begin{cases} \pi & (x_i = 1) \\ 1 - \pi & (x_i = 0) \end{cases} \quad (3.2)$$

となります．ここで，大文字の X_i は確率変数ですが，小文字の x_i は確率変数 X_i の実現値であることに注意しましょう．実際に私たちがデータとして観測するのは小文字の x_i の方です．さらに (3.2) 式の確率を

$$p(x_i|\pi) = \Pr\{X_i = x_i\} = \pi^{x_i}(1-\pi)^{1-x_i}, \quad (x_i = 0, 1) \quad (3.3)$$

と書き直すと，(3.3) 式の $p(x_i|\pi)$ が X_i の**確率関数 (probability function)** となります．(3.3) 式の確率関数で定義される確率分布はベルヌーイ分布 **(Bernoulli distribution)** と呼ばれます．ベルヌーイ分布の成功確率である π は，X_i が 1 をとりやすいか 0 をとりやすいかを決定する変数です．当然ですが，π が 1 に近ければ $X_i = 1$ となる可能性が高まり，π が 0 に近ければ $X_i = 0$ となる可能性が高まります．このような確率分布で出やすい値と出にくい値を決定する変数を**パラメータ (parameter)** と呼びます．言い換えると，ベルヌーイ分布（試行）に関するベイズ推測の目的はベルヌーイ分布より生成されたデータから未知のパラメータ π を推測することであるといえます．

以上の結果より，納期に遅れれば 1，納期を守れば 0 という値をとるベルヌーイ分布に従う確率変数の実現値の系列として，過去における X 社の納期の遅れのパターンが表現されることになります．これは具体的な数値例を考えてみるとわかりやすいでしょう．例えば，過去における X 社の納期の遅れのパターンが表 3.1 のとおりであったとしましょう．前章の表記に従うと「納期に遅れる」という事象は A,「納期を守る」という事象は A^c なので，X 社の納期の遅れのパターンを事象で表現すると，表 3.1 の 2 行目のようになります．一方，同じ

表 3.1 納期の遅延パターンの一例

	1回目	2回目	3回目	4回目	5回目
納期	遅れた	守った	遅れた	守った	守った
事象	A	A^c	A	A^c	A^c
x_i	1	0	1	0	0

ことをベルヌーイ分布に従う確率変数の実現値 x_i でみると，表3.1の3行目のように0と1の並びとして表現することができます．

3.1.2 成功確率の事後分布の導出—データが逐次入手される場合

以下では納期の遅れのパターンから X 社が納期に遅れる確率 π をベイズ的アプローチで推測する方法を説明します．前章の例にならって X 社が納期に遅れ続ける状況を想定しましょう．これは $(x_1, x_2, x_3, \dots) = (1, 1, 1, \dots)$ とベルヌーイ分布に従う確率変数 X_i の実現値に1が出続けることを意味します．まず，X 社が1回目の納期に遅れたときの納期に遅れる確率 π の推測を考えましょう．これは x_1 というデータが観測されたことを意味しますから，ベイズの定理

$$p(\pi|x_1) = \frac{p(x_1|\pi)p(\pi)}{\int_0^1 p(x_1|\pi)p(\pi)d\pi} \tag{3.4}$$

を使うと X 社が納期に遅れる確率 π の事後分布 $p(\pi|x_1)$ が求まります．いきなり連続的確率分布のベイズの定理を使うのは難しいと感じる読者の皆さんのために，離散的確率分布のベイズの定理に話を戻して考えてみましょう．前章の表2.7の例では π のとりうる値は 1/20 と 1/2 だけです．そして，それぞれの値の事前確率に (2.8) 式のものを使うと，納期に遅れる確率 π の事前分布 $p(\pi)$ は

$$p(\pi) = \begin{cases} \dfrac{1}{2} & \left(\pi = \dfrac{1}{20}\right) \\ \dfrac{1}{2} & \left(\pi = \dfrac{1}{2}\right) \\ 0 & (\text{それ以外}) \end{cases} \tag{3.5}$$

となります．(3.5) 式の事前分布を使ってベイズの定理を適用すると，

$$p\left(\pi = \frac{1}{20}\middle| x_1 = 1\right)$$
$$= \frac{p(x_1=1|\pi=1/20)p(\pi=1/20)}{p(x_1=1|\pi=1/20)p(\pi=1/20)+p(x_1=1|\pi=1/2)p(\pi=1/2)}$$
$$= \frac{(1/20)(1/2)}{(1/20)(1/2)+(1/2)(1/2)} = \frac{1}{11} \tag{3.6}$$

となります．当然といえば当然ですが，これは (2.11) 式の事後確率と同じです．さらに π のとりうる値が J 通り $(\pi_1, \ldots, \pi_J)$ ある場合を考えましょう．$\pi = \pi_j$ となる事前確率を $p(\pi_j)$ とすると，π の事後分布は

$$p(\pi_j|x_1=1) = \frac{p(x_1=1|\pi_j)p(\pi_j)}{\sum_{j=1}^{J}p(x_1=1|\pi_j)p(\pi_j)}, \quad (j=1,\ldots,J) \tag{3.7}$$

で与えられます．しかし，π は 0 と 1 の間の実数なのでとりうる値は無限に存在します．そこで連続的な確率分布として π の事前分布 $p(\pi)$ をとらえ，(3.7) 式の分母の総和 $\sum$ を積分 $\int$ に置き換えてしまえば，(3.4) 式の形が得られます．厳密性に欠けますが，これが (3.4) 式のベイズの定理の最もわかりやすい理解の仕方です．

なお，(3.4) 式の分母は π に依存していないので

$$p(\pi|x_1) \propto p(x_1|\pi)p(\pi) \tag{3.8}$$

と書き直すことができます．"$\propto$"は「左辺は右辺に比例する」という意味です．(3.8) 式のように比例記号"$\propto$"を使っても問題がない理由は，π に依存しない正の定数を (3.8) 式の $p(x_1|\pi)p(\pi)$ にかけても事後分布が全く影響を受けないことにあります．これは任意の正の実数 K を $p(x_1|\pi)p(\pi)$ にかけたときに

$$\frac{Kp(x_1|\pi)p(\pi)}{\int_0^1 Kp(x_1|\pi)p(\pi)d\pi} = \frac{p(x_1|\pi)p(\pi)}{\int_0^1 p(x_1|\pi)p(\pi)d\pi} = p(\pi|x_1) \tag{3.9}$$

となることから簡単に確認できます．結局のところ，ベイズ分析で必要な π に関する情報を持っているのは (3.8) 式の $p(x_1|\pi)p(\pi)$ のみであり，これに定数をかけても情報は増えもしなければ減りもしないのです．さらに $p(x_1|\pi)$ や $p(\pi)$ の π に依存しない部分を無視してもかまいません．なぜなら

$$p(x_1|\pi)p(\pi) = Kf(\pi|x_1)$$

と書き直すことができれば，

$$p(\pi|x_1) = \frac{p(x_1|\pi)p(\pi)}{\int_0^1 p(x_1|\pi)p(\pi)d\pi} = \frac{Kf(\pi|x_1)}{\int_0^1 Kf(\pi|x_1)d\pi} = \frac{f(\pi|x_1)}{\int_0^1 f(\pi|x_1)d\pi} \quad (3.10)$$

となり，事後分布 $p(\pi|x_1)$ は K に依存しなくなるからです．(3.10) 式の $f(\pi|x_1)$ は事後分布の**カーネル (kernel)** と呼ばれ，$\int_0^1 f(\pi|x_1)d\pi$ は**基準化定数 (normalizing constant)** と呼ばれます．実際，後からいやでもわかることですが，本書における事後分布や予測分布の導出では比例記号 "$\propto$" が頻繁に現れることになります．その根拠が (3.9)，(3.10) 式にあることを "$\propto$" をみるたびに思い出してください．

それでは話をもとに戻しましょう．まず，ベイズの定理 (3.4) を使って事後分布を求めるために，納期に遅れる確率 π の事前分布を考えましょう．π は確率なので必ず $0 < \pi < 1$ を満たさなければなりません．しかし，X 社の納期の遅れに関する事前情報があまりないと想定すると，どの値が π としてふさわしいかわかりません．そこで 0 と 1 の間のすべての値に同じ密度を割り振ることにしましょう．これは π の事前分布に 0 と 1 の間の一様分布

$$p(\pi) = \begin{cases} 1 & (0 < \pi < 1) \\ 0 & (\pi \leq 0,\ 1 \leq \pi) \end{cases} \quad (3.11)$$

を使うことを意味します．一様分布の確率密度関数 (3.11) のグラフは，図 3.1 の上段左に示されているように横一線の形をしています．ここから「一様」分布の名前がきています．(3.11) 式の事前分布と (3.3) 式の確率関数および (3.8) 式のベイズの定理を使うと，

$$p(\pi|x_1) \propto \pi^{x_1}(1-\pi)^{1-x_1}$$

となります．$x_1 = 1$ なので，

$$p(\pi|x_1 = 1) \propto \pi$$

です．さらに $\int_0^1 \pi d\pi = 1/2$ であることを使うと，π の事後分布は最終的に

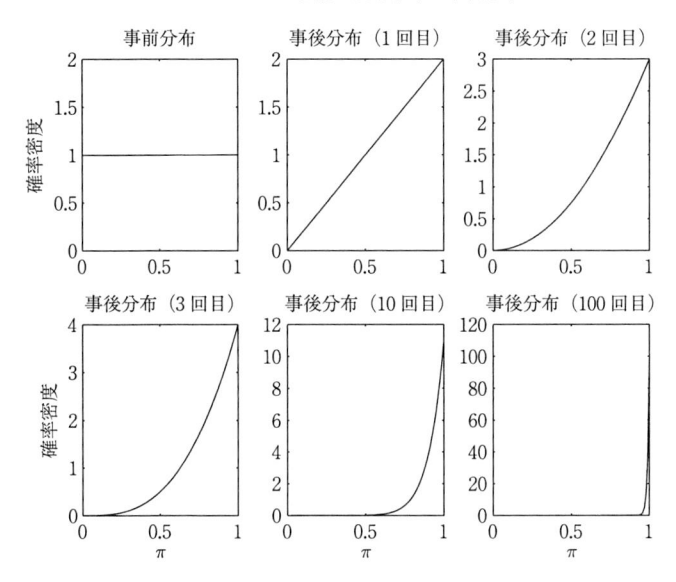

3.1 ベルヌーイ試行の成功確率の事後分布

事前分布　事後分布（1回目）　事後分布（2回目）

事後分布（3回目）　事後分布（10回目）　事後分布（100回目）

図 **3.1** 納期に遅れる確率の事前分布と事後分布（その 1）

$$p(\pi|x_1 = 1) = \begin{cases} 2\pi & (0 < \pi < 1) \\ 0 & (\pi \leq 0,\ 1 \leq \pi) \end{cases} \tag{3.12}$$

として与えられます．(3.14) 式が確率密度関数であることは容易に確認できます．ここで**指示関数 (indicator function)**

$$\mathbf{1}_{(a,b)}(x) = \begin{cases} 1 & (a < x < b) \\ 0 & (x \leq a,\ b \leq x) \end{cases} \tag{3.13}$$

を導入すると，(3.12) 式は

$$p(\pi|x_1 = 1) = 2\pi \mathbf{1}_{(0,1)}(\pi) \tag{3.14}$$

と書き直されます．指示関数 (3.13) を使うと 0 と 1 の間に入る場合と入らない場合の区別をしなくてすむようになるので，π の事後分布の数式が簡単になります．今後は指示関数 $\mathbf{1}_{(0,1)}(x)$ を使っていくことにします．(3.14) 式のグラフは，図 3.1 の上段中央に示されているように右肩上がりの直線です．これは，新たに入手された「1 回納期に遅れた」という情報により，事後分布が一様分布の

ように水平ではなく，0 に近づくほど低く 1 に近づくほど高くなる形状に更新されたことを意味します．しかし，図 3.1 から簡単に読み取れるように，(3.14) 式の事後分布では π が 0.5 を下回る確率がまだ 25% もあります．したがって，現時点では X 社が納期に遅れる確率が高いと断定することはできません．まだ 1 回納期に遅れただけなのですから結論を急ぐべきではないのは当然でしょう．

次に，X 社が 2 回目の納期にも遅れたとしましょう．(3.14) 式を新たな事前分布として使うと，2 回目の納期の時点における π の事後分布のカーネルは

$$p(\pi|(x_1,x_2)=(1,1)) \propto p(x_2=1|\pi)p(\pi|x_1=1)$$
$$\propto \pi^1(1-\pi)^{1-1} \times 2\pi$$
$$\propto \pi^2$$

となります．$\int_0^1 \pi^2 d\pi = 1/3$ であることを使うと，π の事後分布は

$$p(\pi|(x_1,x_2)=(1,1)) = 3\pi^2 \mathbf{1}_{(0,1)}(\pi) \tag{3.15}$$

とまとめられます．(3.15) 式のグラフは図 3.1 の上段右に示されています．さらに全く同じ要領で 3 回目の納期に遅れたときの π の事後分布のカーネルは，

$$p(\pi|(x_1,x_2,x_3)=(1,1,1)) \propto p(x_3=1|\pi)p(\pi|(x_1,x_2)=(1,1))$$
$$\propto \pi^1(1-\pi)^{1-1} \times 3\pi^2$$
$$\propto \pi^3$$

となります．$\int_0^1 \pi^3 d\pi = 1/4$ ですから，最終的に π の事後分布は

$$p(\pi|(x_1,x_2,x_3)=(1,1,1)) = 4\pi^3 \mathbf{1}_{(0,1)}(\pi) \tag{3.16}$$

と求まります．(3.16) 式のグラフは図 3.1 の下段左に示されています．(3.15) 式や (3.16) 式のグラフでは，(3.14) 式と比べて π が 0.5 を下回る部分の面積（確率）が小さくなっています．つまり，度重なる納期の遅れによって，「X 社が納期に遅れる確率 π が高い」と結論づけるために必要な材料がそろいつつあるのです．しかし，図 3.1 の上段右と下段左では π が 0.5 を下回る確率は無視できるほど小さくはありませんので，「X 社が全く信頼できない企業である」と言

い切るには早すぎるでしょう．

以下同じ要領で繰り返し事後分布の導出を進めていくと，X 社が 4 回目，5 回目と続けて n 回目の納期まで遅れてしまったという状況での π の事後分布は

$$p(\pi|(x_1,\ldots,x_n) = (1,\ldots,1)) = (n+1)\pi^n \mathbf{1}_{(0,1)}(\pi) \tag{3.17}$$

として与えられます．例として，連続して納期に遅れた回数が 10 回の場合と 100 回の場合の π の事後分布が図 3.1 の下段中央と下段右に示されています．10 回の場合の事後分布では π が 0.5 を下回る部分の面積はほぼゼロですので，π が 0.5 を下回ることはまずないといってよいでしょう．100 回の場合にいたっては事後分布は 1 の近辺に集まってしまっています．π の事後分布がこのような形状をしているのですから，π はほぼ 1 に等しいといっても差し支えないでしょう．何といっても 100 回も立て続けに納期に遅れたのですから当然の結果といえます．このように，新しいデータ（X 社が納期に遅れた）が入ってくるたびにベイズの定理によって納期に遅れる確率 π の事後分布が更新されていき，結果として π に関する明確な判断を下すことが可能となるのです．

今までは X 社が納期に遅れ続けた場合の π の事後分布の変化をみてきました．しかし，これはかなり非現実的な状況です．表 3.1 に示されている納期の遅れのパターンのように，納期に遅れることもあれば納期をきちんと守るときもあるというのが現実的な状況でしょう．それでは表 3.1 のデータを使って π の事後分布を求めてみましょう．π の事前分布には同じく一様分布 (3.11) を使います．(3.14) 式，(3.15) 式，(3.16) 式，... を導出したときと全く同じ手順で，π の事後分布のカーネルは

$$p(\pi|x_1 = 1) \propto \pi \tag{3.18}$$

$$p(\pi|(x_1,x_2) = (1,0)) \propto \pi(1-\pi) \tag{3.19}$$

$$p(\pi|(x_1,x_2,x_3) = (1,0,1)) \propto \pi^2(1-\pi) \tag{3.20}$$

$$p(\pi|(x_1,x_2,x_3,x_4) = (1,0,1,0)) \propto \pi^2(1-\pi)^2 \tag{3.21}$$

$$p(\pi|(x_1,x_2,x_3,x_4,x_5) = (1,0,1,0,0)) \propto \pi^2(1-\pi)^3 \tag{3.22}$$

と導出されます．(3.18)〜(3.22) 式の導出でも 1 つ前の事後分布を新たな事前

分布に使って次の事後分布の導出を行っています．

(3.18)〜(3.22) 式は π の事後分布のカーネルにすぎないので，(3.18)〜(3.22) 式の積分を評価して π の事後分布の基準化定数を求める必要があります．これらの積分を直接評価することはもちろん可能ですが，ベータ関数

$$B(x,y) = \int_0^1 u^{x-1}(1-u)^{y-1}du, \quad x>0, \quad y>0 \tag{3.23}$$

を使うともっと簡単に導出できます．(3.23) 式で定義されるベータ関数の便利な性質に

$$B(m,n) = \frac{(m-1)!(n-1)!}{(m+n-1)!}, \quad (m \text{ と } n \text{ は自然数}) \tag{3.24}$$

があります．これを使うと基準化定数は

$$\int_0^1 \pi d\pi = B(2,1) = \frac{(2-1)!(1-1)!}{(2+1-1)!} = \frac{1!0!}{2!} = \frac{1}{2}$$

$$\int_0^1 \pi(1-\pi)d\pi = B(2,2) = \frac{(2-1)!(2-1)!}{(2+2-1)!} = \frac{1!1!}{3!} = \frac{1}{6}$$

$$\int_0^1 \pi^2(1-\pi)d\pi = B(3,2) = \frac{(3-1)!(2-1)!}{(3+2-1)!} = \frac{2!1!}{4!} = \frac{1}{12}$$

$$\int_0^1 \pi^2(1-\pi)^2 d\pi = B(3,3) = \frac{(3-1)!(3-1)!}{(3+3-1)!} = \frac{2!2!}{5!} = \frac{1}{30}$$

$$\int_0^1 \pi^2(1-\pi)^3 d\pi = B(3,4) = \frac{(3-1)!(4-1)!}{(3+4-1)!} = \frac{2!3!}{6!} = \frac{1}{60}$$

となるので，(3.18)〜(3.22) 式より π の事後分布は

$$p(\pi|x_1=1) = 2\pi \mathbf{1}_{(0,1)}(\pi) \tag{3.25}$$

$$p(\pi|(x_1,x_2)=(1,0)) = 6\pi(1-\pi)\mathbf{1}_{(0,1)}(\pi) \tag{3.26}$$

$$p(\pi|(x_1,x_2,x_3)=(1,0,1)) = 12\pi^2(1-\pi)\mathbf{1}_{(0,1)}(\pi) \tag{3.27}$$

$$p(\pi|(x_1,x_2,x_3,x_4)=(1,0,1,0)) = 30\pi^2(1-\pi)^2\mathbf{1}_{(0,1)}(\pi) \tag{3.28}$$

$$p(\pi|(x_1,x_2,x_3,x_4,x_5)=(1,0,1,0,0)) = 60\pi^2(1-\pi)^3\mathbf{1}_{(0,1)}(\pi) \tag{3.29}$$

と求められます．

図 3.2 に (3.25)〜(3.29) 式のグラフが示されています．各グラフをみながら事後分布の形状が新しいデータによってどのように変化していったかを考察しましょう．図 3.2 の上段中央の $x_1 = 1$ の事後分布は (3.14) 式のものと同じです．しかし，2 回目の納期はきちんと守られたので，X 社は納期を絶対に守らない ($\pi = 1$) という可能性がなくなりました．したがって，図 3.2 の上段右にある $(x_1, x_2) = (1, 0)$ の事後分布は右肩上がりではなくなり，代わりに $\pi = 0$ と $\pi = 1$ で確率密度が 0 で $\pi = 0.5$ のところに頂上（モード）を持つ形になっています．せっかく 2 回目の納期を守ったにもかかわらず，X 社は次の納期 (3 回目) に遅れてしまいました．そのため図 3.2 の下段左にある $(x_1, x_2, x_3) = (1, 0, 1)$ の事後分布では，事後分布のモードは少し 1 の方に寄っています．さらに続く納期 (4 回目) は何とか守ったので，図 3.2 の下段中央にある $(x_1, x_2, x_3, x_4) = (1, 0, 1, 0)$ の場合の事後分布のモードは 0.5 に戻りました．次の納期 (5 回目) も守られたので，図 3.2 の下段右にある $(x_1, x_2, x_3, x_4, x_5) = (1, 0, 1, 0, 0)$ の場合の事後分布のモードは今度はやや 0 寄りになっています．この例でも新しくデータが入手されるたびに X 社が納期に遅れる確率 π の事後分布が更新されていること

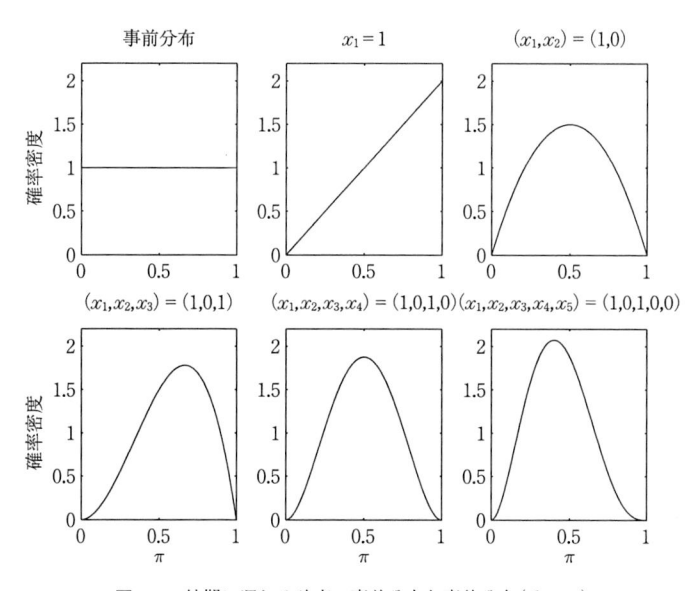

図 3.2 納期に遅れる確率の事前分布と事後分布(その 2)

がわかります．ただし立て続けに納期に遅れているわけではないので，納期の遅延の頻度により事後分布の形状が 1 寄りになったり 0 寄りになったりしていくことになります．

3.1.3　成功確率の事後分布の導出—データをまとめて使った場合

上では納期がくるたびに納期に遅れたかどうかを観測し，納期に遅れる確率 π の事後分布を新しく入手したデータで更新する方法を説明しました．しかし，過去の納期に関する情報をまとめて使って π の事後分布を求めることもできます．

ここで，表 3.1 に示されている過去 5 回の納期に関するデータ

$$(x_1, x_2, x_3, x_4, x_5) = (1, 0, 1, 0, 0) \tag{3.30}$$

が手元にあるとします．このデータを D と表記しましょう．確率変数 X_i ($i = 1, 2, 3, 4, 5$) は互いに独立なので，(3.30) 式のデータが実現する確率は，

$$p(D|\pi) = p(x_1|\pi) \times p(x_2|\pi) \times p(x_3|\pi) \times p(x_4|\pi) \times p(x_5|\pi)$$
$$= \prod_{i=1}^{5} \pi^{x_i}(1-\pi)^{1-x_i} = \pi^{\sum_{i=1}^{5} x_i}(1-\pi)^{5-\sum_{i=1}^{5} x_i} \tag{3.31}$$

となります．D はすでに (3.30) 式で与えられており，$\sum_{i=1}^{5} x_i = 2$ です．したがって，(3.31) 式は

$$p(D|\pi) = \pi^2(1-\pi)^3 \tag{3.32}$$

と書き直されます．

そもそも (3.32) 式は 5 つの確率変数 $(X_1, X_2, X_3, X_4, X_5)$ が (3.30) 式で与えられる特定の値の組合わせをとる同時確率ですが，確率変数の実現値がすでに観測されているので (3.32) 式を π の関数とみなすこともできます．このとき (3.32) 式は**尤度 (likelihood)** と呼ばれます．尤度 $p(D|\pi)$ は仮に π が真の値であるとしたときにデータ D が実現する確率です．したがって，ある π に対して尤度 $p(D|\pi)$ が高いときはデータ D は観測されやすい数値の組合わせとなり，尤度 $p(D|\pi)$ が低いときはデータ D は観測されにくい数値の組合わせとな

ります．データ D はすでに観測されていますから，きわめて観測されにくい数値の組合わせであるとは考えにくいでしょう．よって，尤度が極端に低い π はデータと照らしあわせると真の値である可能性がきわめて低いと推測されるのです．なお，先のデータが逐次入手される場合で用いた

$$p(x_i|\pi) = \pi^{x_i}(1-\pi)^{1-x_i}$$

は1つの観測値 x_i が与えられたときの尤度と解釈されます．

データ D が実現する確率を使ったベイズの定理は

$$p(\pi|D) = \frac{p(D|\pi)p(\pi)}{\int_0^1 p(D|\pi)p(\pi)d\pi} \tag{3.33}$$

です．π の事前分布には同じく (3.11) 式を使いましょう．尤度 (3.32) と事前分布 (3.11) を (3.33) 式に当てはめると，

$$p(\pi|D) \propto p(D|\pi)p(\pi) \propto \pi^2(1-\pi)^3$$

となります．これは (3.22) 式と同じですから，π の事後分布は (3.29) 式となります．つまり，5回の納期に関するデータを一度に使って π の事後分布を求めても1回ごとに π の事後分布を更新していっても，全く同じデータ (3.30) を使って事後分布を評価していることに変わりはないので，同じ事後分布が得られることになります．

次に，過去 n 回の納期における遅延の状況がデータ $D = (x_1, \ldots, x_n)$ として与えられている場合の π の事後分布を導出しましょう．確率変数 X_i ($i = 1, \ldots, n$) が互いに独立に同じベルヌーイ分布 (3.3) に従うと仮定すると，データ D が実現する確率は

$$p(D|\pi) = \prod_{i=1}^{n} p(x_i|\pi) = \prod_{i=1}^{n} \pi^{x_i}(1-\pi)^{1-x_i} = \pi^{\sum_{i=1}^{n} x_i}(1-\pi)^{n-\sum_{i=1}^{n} x_i}$$

となります．ここで $y_n = \sum_{i=1}^{n} x_i$ と定義すると，$p(D|\pi)$ は

$$p(D|\pi) = \pi^{y_n}(1-\pi)^{n-y_n} \tag{3.34}$$

となります．これが一般の場合における π の尤度です．π の事前分布には一様

分布 (3.11) を使いましょう．事前分布 (3.11) と尤度 (3.34) に対してベイズの定理 (3.33) を適用すると，π の事後分布は

$$p(\pi|D) = \frac{\pi^{y_n}(1-\pi)^{n-y_n}}{B(y_n+1, n-y_n+1)}\mathbf{1}_{(0,1)}(\pi) \tag{3.35}$$

となります．(3.35) 式の $B(\cdot)$ はベータ関数です．(3.35) 式はベータ分布 (**beta distribution**) と呼ばれる確率分布の確率密度関数です．ちなみに一般のベータ分布の確率密度関数は

$$p(x|\alpha,\beta) = \frac{x^{\alpha-1}(1-x)^{\beta-1}}{B(\alpha,\beta)}\mathbf{1}_{(0,1)}(x) \tag{3.36}$$

です．代表的なベータ分布の確率密度関数 (3.36) のグラフが図 3.3 に示されています．ベータ分布は $\alpha>1$ かつ $\beta>1$ のときにモードを 1 つ持ちます．$\alpha>1$ かつ $\beta\leq 1$ の場合には右上がり，$\alpha\leq 1$ かつ $\beta>1$ の場合には右下がりのグラフになります．$\alpha<1$ かつ $\beta<1$ のときはグラフは U 字型です．本書ではベータ分布 (3.36) を $\mathcal{B}e(\alpha,\beta)$ と表記し，ある確率変数 X がベータ分布 $\mathcal{B}e(\alpha,\beta)$ に従うことを $X \sim \mathcal{B}e(\alpha,\beta)$ と表記します．この表記に従うと，(3.35) 式のベー

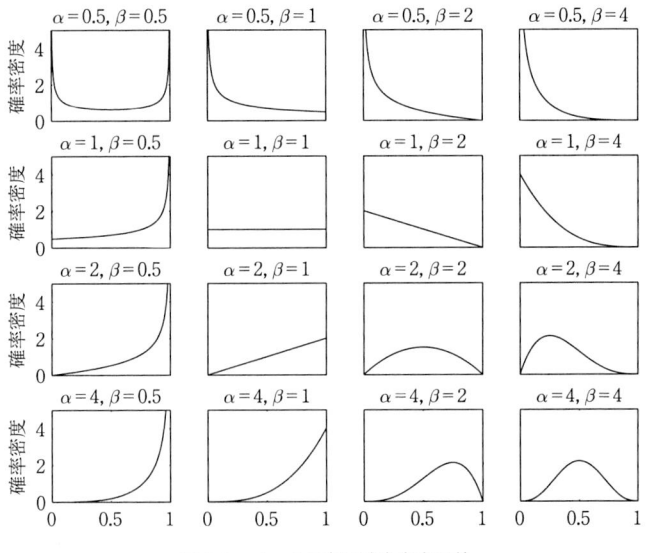

図 **3.3** ベータ分布の確率密度関数

3.1 ベルヌーイ試行の成功確率の事後分布

タ分布は $\mathcal{B}e(y_n+1, n-y_n+1)$ となり，$\mathcal{B}e(y_n+1, n-y_n+1)$ が π の事後分布であることは

$$\pi|D \sim \mathcal{B}e(y_n+1, n-y_n+1) \tag{3.37}$$

と表記されます．

図 3.1 では納期に遅れた回数が増すに従って事後分布が 1 の近辺に集まっていく様子を確認しました．同様のことが一般の π の事後分布 (3.35) についてもいえます．すべての納期の回数 n と納期に遅れた回数 y_n の比率を $y_n/n = 0.8$，つまり $y_n = 0.8n$ に固定しておき，n を 5, 10, 100, 1000 と増やしていったときに π の事後分布がどのように変化していくかをみてみましょう．y_n と n の比率を 0.8 に固定しているので，(3.35) 式は

$$p(\pi|D) = \frac{\pi^{0.8n}(1-\pi)^{0.2n}}{B(0.8n+1, 0.2n+1)} \mathbf{1}_{(0,1)}(\pi) \tag{3.38}$$

と書き直されます．(3.38) 式のグラフを $n = 5, 10, 100, 1000$ の場合について描画したものが図 3.4 です．図 3.4 に示されている 4 つの事後分布のモードはす

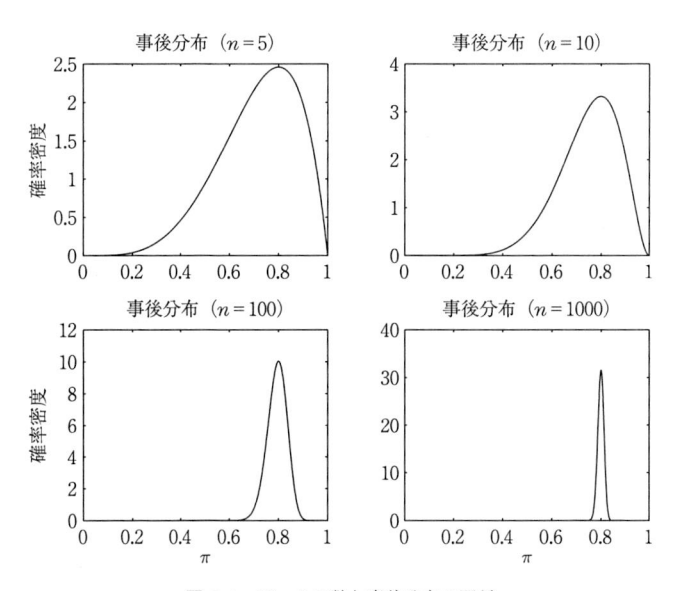

図 **3.4** データの数と事後分布の関係

べて 0.8 です．しかし，n が大きくなるにつれて事後分布は 0.8 の近辺に集まっていく傾向がみられます．特に $n=100$ と $n=1000$ の場合には，π が 0.7 を下回ったり 0.9 を上回ったりする可能性がほとんどないことが事後分布のグラフから簡単に読み取れます．

3.2 ベルヌーイ試行の成功確率に関するベイズ推論

前節ではベルヌーイ試行の一例として納期の遅延を考え，納期に遅れる確率 π の事後分布を求めました．そして，その一般的な形がベータ分布 (3.35) で与えられることを示しました．(3.35) 式で与えられる π の事後分布の確率密度関数 $p(\pi|D)$ は π に関するすべての情報を集約したものですから，0 と 1 の間の数値の中で π の真の値としてふさわしいものをみつけるためには $p(\pi|D)$ のグラフをみるだけでも十分です．実際，前節ではグラフの形状だけを使って π に関する様々な推測を行いました．しかし，応用事例によっては具体的な数値が必要なときもあります．例えば企業が破綻する確率を推測したいとしましょう．この場合，私たちが知りたいのは，破綻確率はグラフでこのあたりであるといった曖昧な情報ではなく，むしろ企業（X 社）が具体的に何パーセントの確率で破綻するかでしょう．あるいは融資を行ううえで X 社の破綻確率が許容できる水準を下回っているかどうかを判定したい，という目的で破綻確率の推測を行うこともあるかもしれません．いずれにせよ，実務においては観測されたデータに基づいて未知である X 社の破綻確率に関して何らかの定量的な判断を下す必要があります．それを可能にする手法を本節では説明します．

まず X 社の破綻確率を推測するために，過去に X 社と同じ格付けの企業がどれだけ破綻したかに関するデータがあるとしましょう．5 年前に X 社と同じ格付けの企業が n 社あり，現在までに n 社中 y 社が破綻したとしましょう．企業の破綻が成功確率 π のベルヌーイ試行 (3.2) で起きると仮定し，π の事前分布に一様分布 (3.11) を使うとすると，前節で説明したように π の事後分布は

$$p(\pi|D) = \frac{\pi^y(1-\pi)^{n-y}}{B(y+1, n-y+1)}\mathbf{1}_{(0,1)}(\pi) \tag{3.39}$$

となります．(3.39) 式の事後分布に基づく未知のパラメータである破綻確率 π

に関する代表的な推論としては，
 ① 点推定： パラメータの値の推測を行う
 ② 区間推定： パラメータがとりそうな範囲を求める
 ③ 仮説検定： パラメータがとる値に関する仮説の検証を行う
があげられます．これらの推論の手順を1つ1つ詳しくみていきましょう．

3.2.1 パラメータの点推定

　点推定とは未知であるパラメータの値をデータから推定することです．点推定は統計学の最も重要な目的の1つであり，統計学を学んだことのある読者の皆さんにはすでにおなじみの作業であると思います．点推定の重要性はベイズ分析においても変わることはありません．ベイズ分析における点推定を一言でいうと，「パラメータの真の値の候補の中から真の値として最もふさわしい値を選ぶことである」といえるでしょう．それでは，何をもって最もふさわしい値とみなせばよいのでしょうか．これは点推定の目的に立ち返ってみると簡単に理解できます．企業の破綻確率の例で考えると，破綻確率を推定する理由は企業への融資の危険性をみたいからです．もし破綻確率を過小に評価してしまうと，破綻のリスクを過小にみてしまい本来であれば行うべきでない融資を行ってしまう危険性があります．逆に破綻確率を過大に評価してしまうと，破綻のリスクを過大にみてしまい行ってもよかった融資の機会を失ってしまうかもしれません．ですから過小評価でもなく過大評価でもない破綻確率の値が最もふさわしい点推定であるといえます．このことを数学的に表現すると，パラメータの真の値と点推定の乖離をある尺度（つまり損失関数）で測ってやり，この損失関数ができるだけ小さくなるように点推定を決めることになります．以下では δ をパラメータ π の点推定，損失関数を $L(\pi, \delta)$ と表記しましょう．ベイズ分析では損失関数として次のような関数が広く使われています．

2乗誤差損失 (quadratic loss)	$L(\pi, \delta) = (\pi - \delta)^2$	(3.40)
絶対誤差損失 (absolute loss)	$L(\pi, \delta) = \|\pi - \delta\|$	(3.41)
0-1 損失 (0-1 loss)	$L(\pi, \delta) = 1 - \mathbf{1}_\pi(\delta)$	(3.42)

ここで，$\mathbf{1}_\pi(\delta)$ は $\delta = \pi$ のとき 1，それ以外は 0 となる指示関数です．2 乗誤差損失 (3.40) と絶対誤差損失 (3.41) は，π と δ の間の乖離そのものを測っているので比較的理解しやすいでしょう．0-1 損失 (3.42) は直感的には真の値からの乖離にみえないかもしれませんが，δ の値が π の真の値に一致した場合に損失が全くなくて，ちょっとでもはずれれば損失が一様に 1 になるという損失関数です．

パラメータの真の値が前もってわかっているのであれば，(3.40)～(3.42) 式などの損失関数を使って簡単に真の値と点推定の乖離を計算することができます．しかし，そもそもパラメータの真の値がわかっていないことが点推定において大前提ですので，これはできない相談です．そのためベイズ分析の点推定では，損失関数 $L(\pi, \delta)$ の期待値を π の事後分布で評価したもの

$$R(\delta|D) = \mathrm{E}_{p(\pi|D)}[L(\pi, \delta)] = \int_0^1 L(\pi, \delta) p(\pi|D) d\pi \tag{3.43}$$

を考え，これをできるだけ小さくするように点推定を選択することにします．(3.43) 式の $R(\delta|D)$ を **期待損失 (expected loss)** と呼びます．最小化問題として定式化すると，未知のパラメータ π の点推定 δ^* は

$$\delta^* = \arg\min_{0<\delta<1} R(\delta|D) = \arg\min_{0<\delta<1} \int_0^1 L(\pi, \delta) p(\pi|D) d\pi \tag{3.44}$$

となります．(3.44) 式の "arg" は「δ^* が $\min_{0<\delta<1} R(\delta|D)$ という最小化問題の解である」という意味です．

ここで，(3.44) 式のように期待損失 (3.43) を最小化するように点推定を決める意味を少し説明しましょう．パラメータ π の事後分布 $p(\pi|D)$ を使えば，π のとりうる範囲 $(0,1)$ にあるすべての値に対して真の値である可能性を定量的に判定することができます．当然ですが，$p(\pi|D)$ が高いほど真の値である可能性が高くなり，低いほど真の値である可能性が低くなります．例えば，事後分布でみて真の値である可能性が高い値 π_1 があったとしましょう．このときの損失関数の値 $L(\pi_1, \delta)$ は実現する可能性が高いので，できるだけ小さくなるように δ を設定すべきでしょう．一方，事後分布でみて真の値である可能性が低い値 π_2 に対する損失関数の値 $L(\pi_2, \delta)$ は実現する可能性が低いので，δ の選択

において気にする必要はあまりないと思われます．つまり，実現する可能性が高い推定誤差のみを小さくするような δ を選ぶことができれば，それが最も望ましい点推定であるといえます．この発想に基づいて最適な点推定を決定する方法が (3.44) 式の点推定なのです．

これを具体的な例を使ってみてみましょう．極端な例として，事後分布が

$$p(\pi|D) = \frac{999}{1000}\mathbf{1}_{\pi_1}(\pi) + \frac{1}{1000}\mathbf{1}_{\pi_2}(\pi) \tag{3.45}$$

という形をしていたと仮定しましょう．(3.45) は 2 つの値（π_1 と π_2）しか π の真の値である可能性がない事後分布です．2 乗誤差損失 (3.40) を使うと，(3.45) 式で評価した期待損失は

$$R(\delta|D) = \frac{999}{1000}(\pi_1 - \delta)^2 + \frac{1}{1000}(\pi_2 - \delta)^2 \tag{3.46}$$

となります．(3.45) 式の事後分布では π_1 が真の値である可能性は 99.9% であるのに対し，π_2 が真の値である可能性は 0.1% しかありません．そのため (3.46) 式では π_1 からの乖離の方に大きい重み (999/1000) がつけられています．これは $\pi = \pi_1$ のときの損失関数の値 $(\pi_1 - \delta)^2$ が $\pi = \pi_2$ のときの損失関数の値 $(\pi_2 - \delta)^2$ の 999 倍の重みを持っていることになります．したがって，(3.46) 式の $R(\delta|D)$ を最小にする点推定 δ の選択では，$(\pi_1 - \delta)^2$ をほぼゼロにするような δ が選ばれるはずです．都合がよいことに (3.46) 式は

$$\begin{aligned} R(\delta|D) &= \frac{999}{1000}(\pi_1 - \delta)^2 + \frac{1}{1000}(\pi_2 - \delta)^2 \\ &= \frac{999}{1000}(\pi_1^2 - 2\pi_1\delta + \delta^2) + \frac{1}{1000}(\pi_2^2 - 2\pi_2\delta + \delta^2) \\ &= \delta^2 - 2\left(\frac{999}{1000}\pi_1 + \frac{1}{1000}\pi_2\right)\delta + \frac{999}{1000}\pi_1^2 + \frac{1}{1000}\pi_2^2 \end{aligned} \tag{3.47}$$

という δ の二次関数ですから，最小点は

$$\delta^* = \frac{999}{1000}\pi_1 + \frac{1}{1000}\pi_2 \tag{3.48}$$

と簡単に求まります．この δ^* が π の点推定となります．(3.48) 式を損失関数 $(\pi - \delta)^2$ に代入すると

$$(\pi_1 - \delta^*)^2 = \left(\pi_1 - \frac{999}{1000}\pi_1 - \frac{1}{1000}\pi_2\right)^2 = \frac{1}{1000000}(\pi_1 - \pi_2)^2$$

$$(\pi_2 - \delta^*)^2 = \left(\pi_2 - \frac{999}{1000}\pi_1 - \frac{1}{1000}\pi_2\right)^2 = \frac{998001}{1000000}(\pi_2 - \pi_1)^2$$

となるので，予想どおり $(\pi_1 - \delta)^2$ がほぼゼロになるように δ^* が選択されていることがわかります．

以上の例は 2 つの値しか考えていませんでしたが，一般には π は 0 と 1 の間の数値なら何でもかまいません．その場合でも期待損失 (3.43) は，π が真の値である可能性を示す $p(\pi|D)$ を重みとして π に対応する損失関数の値 $L(\pi, \delta)$ を加重平均したものになっています．そして，(3.44) 式のように事後分布 $p(\pi|D)$ による損失関数 $L(\pi, \delta)$ の加重平均を最小化することで，真の値である可能性が高い π に対応する $L(\pi, \delta)$ を重点的に小さくするように点推定 δ^* の値を決めることが可能となるのです．一般に，2 乗誤差損失 (3.40)，絶対誤差損失 (3.41)，0-1 損失 (3.42) を使った場合の π の点推定は表 3.2 のように与えられます．この証明は後で示します．

それでは図 3.1 の事後分布を使って π の点推定を求めてみましょう．π の事後分布はベータ分布 (3.39) なので，平均とモードは解析的に求めることができます．一般のベータ分布 (3.36) の平均は

$$\mathrm{E}[X] = \frac{\alpha}{\alpha + \beta} \quad (3.49)$$

であることが知られています．(3.49) 式を適用すると，π の事後分布 (3.39) の平均は

$$\mathrm{E}_{p(\pi|D)}[\pi] = \frac{y+1}{(y+1)+(n-y+1)} = \frac{y+1}{n+2} \quad (3.50)$$

であることがわかります．一方，一般のベータ分布 (3.36) のモード $\mathrm{Mode}[X]$

表 **3.2** 損失関数と対応する点推定

損失関数	関数形	点推定
2 乗誤差損失	$L(\pi, \delta) = (\pi - \delta)^2$	事後分布の平均
絶対誤差損失	$L(\pi, \delta) = |\pi - \delta|$	事後分布の中央値
0-1 損失	$L(\pi, \delta) = 1 - \mathbf{1}_\pi(\delta)$	事後分布のモード

は，ベータ分布の確率密度関数の自然対数

$$\log p(x|\alpha,\beta) = (\alpha-1)\log x + (\beta-1)\log(1-x) - \log B(\alpha,\beta)$$

の最大化の 1 階の条件

$$\nabla_x \log p(x|\alpha,\beta) = \frac{\alpha-1}{x} - \frac{\beta-1}{1-x} = 0$$

を解くことで，

$$\text{Mode}[X] = \frac{\alpha-1}{\alpha+\beta-2} \tag{3.51}$$

と求まります．したがって，π の事後分布 (3.39) のモードは

$$\text{Mode}_{p(\pi|D)}[\pi] = \frac{y+1-1}{(y+1)+(n-y+1)-2} = \frac{y}{n} \tag{3.52}$$

となります．(3.52) 式の事後分布のモードは X 社と同じ格付けの企業のうちで破綻した企業の割合です．実務で破綻確率の推定値といえば，普通は (3.52) 式を使うと思いますが，実は 0-1 損失で推定誤差を評価したときの破綻確率の点推定になっているのです．ベータ分布の中央値 $\text{Median}[X]$ は

$$\Pr\{X \leq \text{Median}[X]\} = \int_0^{\text{Median}[X]} \frac{x^{\alpha-1}(1-x)^{\beta-1}}{B(\alpha,\beta)} dx = \frac{1}{2} \tag{3.53}$$

となる値です．残念ながら (3.53) 式を満たす $\text{Median}[X]$ の解析的な表現は存在しないので，数値的に求めるしかありません．ベータ分布の累積分布関数

$$v = P(x|\alpha,\beta) = \int_0^x \frac{u^{\alpha-1}(1-u)^{\beta-1}}{B(\alpha,\beta)} du$$

の逆関数 $x = P^{-1}(v|\alpha,\beta)$ を使うと，中央値は

$$\text{Median}[X] = P^{-1}\left(\frac{1}{2}\bigg|\alpha,\beta\right)$$

と定義されるので，破綻確率 π の事後分布の中央値は

$$\text{Median}_{p(\pi|D)}[X] = P^{-1}\left(\frac{1}{2}\bigg|y+1, n-y+1\right) \tag{3.54}$$

となります．今では市販の表計算ソフトを使ってベータ分布の累積分布関数の逆関数 $P^{-1}(v|\alpha,\beta)$ を計算できるようになっています．それを使うと (3.54) 式より事後分布の中央値を手軽に求めることができます．

以上の公式を使って計算された π の点推定が表 3.3 の第 1～3 列にまとめられています．表 3.3 では，納期に遅れた回数が 1, 2, 3, 10, 100 と増えていったときに，事後分布の平均，中央値，モードがどのように変化していくかが示されています．図 3.1 のグラフから予想されるように，事後分布の平均と中央値は納期に遅れた回数が増えるに従って 1 に近づいていきます．これに対して事後分布のモードはいつも 1 です．また，平均を使うと中央値を使った場合よりも納期に遅れる確率 π を小さめに推定することになります．まとめると，この例では 平均 < 中央値 < モード = 1 という大小関係が成り立っています．どの点推定を使うべきかは損失関数の選択に依存するので一概にはいえません．しかし，この例で平均，中央値，モードの 3 つから 1 つを選ぶとすると，π をいつも小さく評価する平均でもなく 1 しかとらないモードでもなく，間をとった中央値が適当であるように思われます．

話は戻りますが，表 3.2 のように各損失関数に対応する点推定が与えられることを 1 つ 1 つ証明していきましょう．以下の証明では必ずしも π の事後分布がベータ分布である必要はありませんが，説明を簡単にするために事後分布がベータ分布であることを前提にした証明を示します．

まず，2 乗誤差損失 (3.40) の場合を考えましょう．期待損失 (3.43) は

表 **3.3** 納期に遅れる確率のベイズ推定

納期の遅延	点推定			区間推定	
	平 均	中央値	モード	95% 信用区間	95% HPD 区間
1 回目	0.6667	0.7071	1.0000	[0.1581, 0.9874]	[0.2236, 1.0000]
2 回目	0.7500	0.7937	1.0000	[0.2924, 0.9916]	[0.3684, 1.0000]
3 回目	0.8000	0.8409	1.0000	[0.3976, 0.9937]	[0.4729, 1.0000]
10 回目	0.9167	0.9389	1.0000	[0.7151, 0.9977]	[0.7616, 1.0000]
100 回目	0.9902	0.9932	1.0000	[0.9641, 0.9997]	[0.9708, 1.0000]

3.2 ベルヌーイ試行の成功確率に関するベイズ推論

$$R(\delta|D) = \mathrm{E}_{p(\pi|D)}[(\pi-\delta)^2] = \mathrm{E}_{p(\pi|D)}\big[(\pi - \mathrm{E}_{p(\pi|D)}[\pi] + \mathrm{E}_{p(\pi|D)}[\pi] - \delta)^2\big]$$

$$= \mathrm{E}_{p(\pi|D)}\big[(\pi - \mathrm{E}_{p(\pi|D)}[\pi])^2 - 2(\pi - \mathrm{E}_{p(\pi|D)}[\pi])(\mathrm{E}_{p(\pi|D)}[\pi] - \delta)$$

$$+ (\mathrm{E}_{p(\pi|D)}[\pi] - \delta)^2\big]$$

$$= \mathrm{E}_{p(\pi|D)}\big[(\pi - \mathrm{E}_{p(\pi|D)}[\pi])^2\big] + \big(\mathrm{E}_{p(\pi|D)}[\pi] - \delta\big)^2 \qquad (3.55)$$

と展開されます. なお (3.55) 式の展開は事後分布がベータ分布以外であっても事後分布の平均と分散が存在する限り成り立ちます. (3.55) 式の右辺第 1 項 $\mathrm{E}_{p(\pi|D)}\big[(\pi - \mathrm{E}_{p(\pi|D)}[\pi])^2\big]$ は事後分布の分散ですから, δ の値によらず一定です. よって, (3.55) 式の右辺第 2 項 $\big(\mathrm{E}_{p(\pi|D)}[\pi] - \delta\big)^2$ を最小にするような δ をみつければ, それが点推定となります. $\big(\mathrm{E}_{p(\pi|D)}[\pi] - \delta\big)^2$ は二次関数なので, 最小点は

$$\delta^* = \mathrm{E}_{p(\theta|\boldsymbol{x})}[\theta] \qquad (3.56)$$

と求まります. つまり事後分布の平均が π の点推定となっています.

次に絶対誤差損失 (3.41) の場合を考えましょう. 事後分布の累積分布関数を

$$P(\pi|\mathcal{D}) = \int_0^\pi p(u|D)du \qquad (3.57)$$

としましょう. このとき期待損失 (3.43) は

$$R(\delta|D) = \int_0^1 |\pi - \delta| p(\pi|D) d\pi$$

$$= \int_0^\delta (\delta - \pi) p(\pi|D) d\pi + \int_\delta^1 (\pi - \delta) p(\pi|D) d\pi$$

$$= \delta P(\delta|D) - \int_0^\delta \pi p(\pi|D) d\pi + \int_\delta^1 \pi p(\pi|D) d\pi - \delta[1 - P(\delta|D)]$$

$$= 2\delta P(\delta|D) - \delta - 2\int_0^\delta \pi p(\pi|D) d\pi + \int_0^1 \pi p(\pi|D) d\pi$$

$$= 2\delta P(\delta|D) - \delta - 2\left\{\pi P(\pi|D)\Big|_0^\delta - \int_0^\delta P(\pi|D) d\pi\right\} + \mathrm{E}_{p(\pi|D)}[\pi]$$

$$= 2\int_0^\delta P(\pi|D) d\pi - \delta + \mathrm{E}_{p(\pi|D)}[\pi] \qquad (3.58)$$

と展開されます．(3.58) 式の $R(\delta|D)$ の最小点を δ^* と表記すると，δ^* が満たすべき 1 階と 2 階の条件は，それぞれ

$$\nabla_\delta R(\delta^*|D) = 2P(\delta^*|D) - 1 = 0, \qquad \nabla_\delta^2 R(\delta^*|D) = 2p(\delta^*|D) > 0$$

です．確率密度関数の性質より 2 階の条件は必ず満たされます．1 階の条件は

$$P(\delta^*|D) = \frac{1}{2}$$

と書き直されるので，1 階の条件を満たす δ^* は事後分布の中央値 $\mathrm{Median}_{p(\pi|D)}[\pi]$ となります．よって，絶対誤差損失 (3.41) を使うと点推定が事後分布の中央値となることがわかりました．

最後に 0-1 損失 (3.42) の場合を考えましょう．この場合，期待損失 (3.43) は

$$R(\delta|D) = \int_0^1 \{1 - \mathbf{1}_\pi(\delta)\} p(\pi|D) d\pi = 1 - p(\delta|D) \qquad (3.59)$$

となります．(3.59) 式の $R(\delta|D)$ を最小にする δ^* は $p(\delta|D)$ を最大にする δ，つまり事後分布のモード $\mathrm{Mode}_{p(\pi|D)}[\pi]$ となります．

3.2.2　パラメータの区間推定

今まで説明してきた点推定は，結局のところ事後分布の「山の部分」が集まっている点を求めているにすぎません．しかし，それが真の値である保証は全くありません．さらに π に連続的分布を仮定すると，どのような点推定を考えてもそれが真の値に一致する確率はいつもゼロになります．もしデータの数が膨大であれば，図 3.4 の下段右のグラフのように事後分布は点推定の周りに収束してしまうので，点推定を使っても実用面では問題ないかもしれません．しかし，データが少ないときに点推定という 1 点のみで事後分布を代表するのはかなり無理があります．これは図 3.4 の上段の 2 つのグラフをみればわかると思います．結局，点推定では事後分布が持つパラメータに関する情報の大部分が捨てられてしまうので，事後分布が持つパラメータに関する情報を使って推測を行うというベイズ的アプローチの趣旨に必ずしも沿わなくなってしまうのです．

そうはいっても推測したいパラメータの数が大量である場合，報告書や論文の

紙数のかなりの部分をパラメータの事後分布のグラフに割くことになるでしょう．このように大量のグラフを使うと一目で推測の結果をみることが難しくなります．要するに，報告書で提供される情報量と報告書のみやすさの間にはトレードオフの関係があるので，失われる情報を押さえつつ推測結果をうまく要約する方法を考える必要があるといえます．この観点からみると点推定は情報の捨てすぎです．点推定という事後分布の「山の中心」だけでなく「山の裾の広がり」の程度も報告書に加えれば，事後分布の形状の要約として有用な情報を提供できるのではないでしょうか．これがパラメータの区間推定と呼ばれるものです．

ベイズ分析では未知のパラメータ π の確率分布（事後分布）を使うため，π の真の値が区間 $[a, b]$ 内にある確率は，事後分布 $p(\pi|D)$ を用いると

$$\Pr{}_{p(\pi|D)}\{a \leq \pi \leq b\} = \int_a^b p(\pi|D)d\pi \tag{3.60}$$

と与えられます．(3.60) 式の確率を**事後確率 (posterior probability)** と呼びます．このようにパラメータの真の値が特定の区間内にある確率を直接的に評価できるのがベイズ分析の大きな利点です．逆に $\Pr{}_{p(\pi|D)}\{a \leq \pi \leq b\}$ が特定の値（例えば 95%）になるような区間 $[a, b]$ を求めることも可能です．このような $[a, b]$ は π の真の値が高い事後確率（95%）で入る区間と解釈され，事後分布 $p(\pi|D)$ の山の大部分が $[a, b]$ の中に収まることになります．したがって，このような $[a, b]$ を事後分布の「山の裾の広がり」の尺度として使って π の区間推定を行うことができるでしょう．

しかし，$\Pr{}_{p(\pi|D)}\{a \leq \pi \leq b\} = 0.95$ となるような区間 $[a, b]$ は無数に存在します．そのため何らかの条件をつけてやらないと一意に決めることができません．ベイズ分析では

(1) **信用区間 (credible interval)**

$100(1-\alpha)$%信用区間は，

$$\Pr{}_{p(\pi|D)}\{\pi < a_\alpha\} = \frac{\alpha}{2} \quad \text{および} \quad \Pr{}_{p(\pi|D)}\{\pi > b_\alpha\} = \frac{\alpha}{2} \tag{3.61}$$

を満たす区間 $[a_\alpha, b_\alpha]$ である．

(2) 最高事後密度区間 (highest posterior density (HPD) interval)

κ_α を $\Pr_{p(\pi|D)}\{\pi \in \{\pi : p(\pi|D) \geq \kappa\}\} \geq 1 - \alpha$ を満たす正の定数 κ の中で最大のものと定義する．このとき $100(1-\alpha)\%$ HPD 区間は

$$S_\alpha = \{\pi : p(\pi|D) \geq \kappa_\alpha\} \tag{3.62}$$

として定義される．

などが区間推定に使われます．信用区間は古典的統計学における信頼区間に対応するものです．しかし，信用区間では $a_\alpha \leq \pi \leq b_\alpha$ という事象は「**確率変数 π が固定された区間 $[a_\alpha, b_\alpha]$ に入る事象**」と解釈されるのに対し，信頼区間では「**確率的に変動する区間 $[a_\alpha, b_\alpha]$ が非確率的な π を含む確率**」と解釈されるという違いがあります．一方，HPD 区間は定義をみただけでは何のことかさっぱりわからないと思います．一言でいうと，(3.62) 式で定義される HPD 区間とは区間内の確率密度が必ず区間外よりも高くなるような区間であるということです．これはグラフで考えると理解しやすくなります．図 3.5 にベータ分布 $\mathcal{B}e(5,2)$ の確率密度関数と信用区間（上段），HPD 区間（下段）が示されています．各グラフで灰色になっている部分の確率は 90% です．信用区間でも HPD 区間で

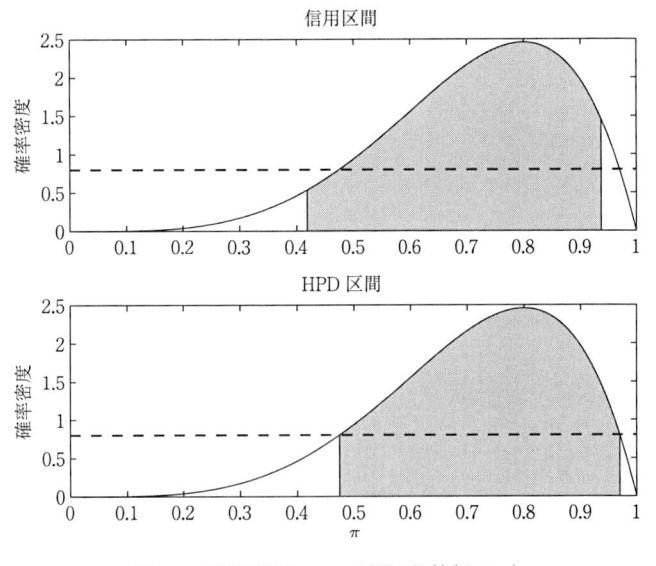

図 3.5 信用区間と HPD 区間の比較（その 1）

も事後分布の山の大部分は区間内に収まっており，区間外は π の真の値である可能性が低くなっています．図3.5ではHPD区間は区間内（灰色の部分）の確率密度の値が必ず区間外（白色の部分）の確率密度よりも高くなっています．これがはっきりとみえるようにHPD区間内の確率密度の最小値を破線で示しています．灰色の部分の確率密度はすべて破線の上に出ていますが，白色の部分の確率密度はすべて破線の下にあります．一方，信用区間の下限を $a_{0.1}$，上限を $b_{0.1}$ とすると，事後分布の確率密度は $a_{0.1}$ では破線の下にあり，$b_{0.1}$ では破線の上にあります．

次に事後分布の形状によって信用区間やHPD区間がどのように変化するかをみてみましょう．図3.1に示されている事後分布に対して信用区間とHPD区間を求めると，表3.3の第4，5列のようになります．図3.1では納期に遅れる回数が増えるたびに π の事後分布が徐々に1に収斂していきます．この事後分布の形状の変化に従って，表3.3の信用区間とHPD区間は幅が狭くなり区間の下限が1に近くなっていきます．この信用区間およびHPD区間の変化は，納期に遅れ続けているという事実を反映した事後分布の形状の変化をうまくとらえているようにみえます．

しかし，区間の上限の挙動が信用区間とHPD区間では大きく異なっています．信用区間では上限は徐々に1に近づいていくのですが，HPD区間では上限はいつも1です．これを図示してみると，図3.6の上段の2つのグラフのようになります（両者の違いをみやすくするために，灰色の部分の確率は80%にしています）．図3.6の上段左の信用区間では事後分布の両側を真の値である可能性が低いものとして切るようにしています．しかし，実際には確率密度関数は右肩上がりなので真の値の可能性が高い1近辺の部分を切り捨てるというのは非現実的な対応といえます．一方，図3.6の上段右のHPD区間では確率密度の低い0に近い部分を切り，1に近い部分は区間内に含めるようにしています．したがって，図3.1のように事後分布のモードがパラメータのとりうる範囲の端点にあるような場合には，事後分布の山の大部分を区間に含めるという区間推定の趣旨からいうとHPD区間の方が適切であるといえるでしょう．

読者の皆さんは，図3.6の上段のグラフにみられる程度の差は大したことがないように思われるかもしれません．しかし，事後分布の形状によっては信用

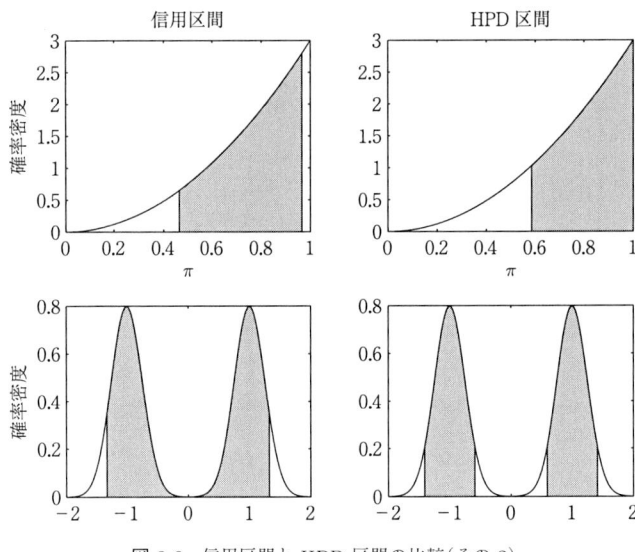

図 3.6 信用区間と HPD 区間の比較(その 2)

区間と HPD 区間の形状が劇的に異なる場合があります．図 3.6 の下段のグラフのように事後分布が 2 つの山を持つ場合を考えてみましょう．灰色の部分の確率はどちらも 90% です．図 3.6 の下段左の信用区間は連続していますが，0 付近に密度が両裾よりも低くなっている部分がみられます．一方，図 3.6 の下段右の HPD 区間は 2 つの部分に分かれてしまっています．なぜなら，事後分布の 2 つの山の間にある，確率密度がほとんどゼロである谷間の部分は HPD 区間に含まれなくなるからです．以上の議論より，パラメータの真の値である可能性が高い区間という意味では HPD 区間が優れているといえるでしょう．

3.2.3 パラメータに関する仮説の検証

パラメータに関する推論の最後の話題として，仮説を検証する方法を説明しましょう．統計学におけるパラメータに関する仮説は，パラメータがとりうる範囲として定義されます．例えば，ベルヌーイ試行の成功確率 π が 0.5 を超えているという仮説は

$$\{\pi : 0.5 < \pi < 1\} \tag{3.63}$$

というπの値の集合として定義されます．また，

$$\pi = 0.5 \tag{3.64}$$

のようにパラメータが特定の値をとるという仮説もよく使われますが，これも単一の要素0.5からなるπの値の集合で定義された仮説と解釈できます．さらに仮説で設定されているパラメータのとりうる範囲は必ずしも連続した区間である必要はありません．例えば

$$\pi \neq 0.5 \tag{3.65}$$

という仮説は

$$\{\pi : 0 < \pi < 0.5\} \cup \{\pi : 0.5 < \pi < 1\}$$

という2つの分離した集合の和として定義されます．一般にパラメータπのとりうる値の範囲 S_i $(i=0,1,2,\ldots)$ で定義される仮説 H_i は

$$H_i : \pi \in S_i \tag{3.66}$$

と表記されます．S_i が (3.64) 式のように単一の要素のみを持つ集合である場合には H_i は**単純仮説 (simple hypothesis)** と呼ばれ，S_i が (3.63) 式や (3.65) 式のように複数の要素からなる集合である場合には H_i は**複合仮説 (composite hypothesis)** と呼ばれます．

仮説の検証というと少し学問的な響きがしますが，実務においても重要な概念です．これをX社への融資の例で考えてみましょう．未知のパラメータπをX社と同じ格付けの企業が向こう5年以内に破綻する確率とします．そして，もしπが5%を超えていたら，破綻のリスクが高すぎるとして銀行はX社に融資を行わないとしましょう．ここで

$$H_0 : \pi \in (0.05, 1) \tag{3.67}$$

という仮説を考えましょう．すると (3.67) 式の仮説 H_0 と融資の間には

仮説 H_0 が真である　⇒　融資を見送る

仮説 H_0 が偽である　⇒　融資を行う

という関係が成り立ちます.この関係を数式で表現してみましょう.銀行の融資に関する行動を0か1をとる a という変数

$$a = \begin{cases} 1 & (融資を行う) \\ 0 & (融資を見送る) \end{cases} \qquad (3.68)$$

で表すと,銀行の融資行動 a と破綻確率 π の間の関係は

$$a = 1 - \mathbf{1}_{(0.05,1)}(\pi) \qquad (3.69)$$

と指示関数で表されます.(3.69) 式の指示関数 $\mathbf{1}_{(0.05,1)}(\pi)$ は (3.67) 式の H_0 が真であるときに1,偽であるときに0になります.したがって,(3.69) 式は π に関する仮説の真偽に応じて銀行が融資行動 (a) を決めていることを意味しています.このように,パラメータのとりうる範囲の判定としての仮説の検証は学術研究だけでなく実務における意思決定においても直面する問題なのです.

それではベイズ分析における仮説の検証方法を説明しましょう.一般に (3.66) 式の仮説 H_i をベイズ的アプローチで検証するには,パラメータの事後分布 $p(\pi|D)$ において H_i が成り立つ事後確率

$$p_i = \Pr_{p(\pi|D)}\{\pi \in S_i\} = \int_{S_i} p(\pi|D)d\pi \qquad (3.70)$$

を評価します.(3.70) 式の $\int_{S_i} p(\pi|D)d\pi$ はパラメータのとりうる範囲 S_i で積分していることを意味します.このような表記にしているのは S_i が必ずしも連続ではないからです.(3.70) 式の確率がほとんど1に等しいのであれば仮説 H_i が成り立っていると判断してよいでしょうし,逆に0にきわめて近いのであれば仮説 H_i は成り立っていないと判断できるでしょう.ベイズ分析における仮説の検証は基本的に仮説が成り立つ事後確率を求めるだけです.古典的統計学を学んだことがある読者の皆さんは何だか簡単すぎるように思われるかもしれません.しかし,ベイズ分析では未知のパラメータの確率分布(事後分布)を使ってパラメータに関する推論を行うので,仮説で想定されている範囲 S_i にパラメータの真の値があるかどうかを事後確率 (3.70) で比較するだけで十分なのです.

先の融資行動の例を使って仮説の検証の具体例をみてみましょう.破綻確率

π の事後分布 (3.39) において全企業数を $n = 200$, 破綻した企業の数を $y = 4$ としましょう. すると (3.39) 式より π の事後分布は

$$p(\pi|D) = \frac{\pi^4(1-\pi)^{196}}{B(5, 197)} \mathbf{1}_{(0,1)}(\pi) \tag{3.71}$$

となります. そして, (3.67) 式の仮説 H_0 が正しい事後確率は

$$\Pr\nolimits_{p(\pi|D)}\{0.05 < \pi < 1\} = \int_{0.05}^{1} p(\pi|D) d\pi \tag{3.72}$$

です. (3.72) 式の事後確率を計算すると

$$\Pr\nolimits_{p(\pi|D)}\{0.05 < \pi < 1\} = 0.0256\cdots \tag{3.73}$$

となります. (3.73) 式の確率はかなり低いので, H_0 は間違っていると結論づけてもよさそうです.

今まで説明してきたのは, 1 つの仮説 $H_i : \pi \in S_i$ が成り立っているかどうかを事後確率 $\Pr_{p(\pi|D)}\{\pi \in S_i\}$ を計算することで検証する方法でした. 一方, 2 つの仮説の候補の中から正しいと思われるものを選ぶ場合もあります. 例として, π に関する

$$H_0 : \pi \in S_0 \quad \text{対} \quad H_1 : \pi \in S_1 \tag{3.74}$$

という 2 つの仮説の検証を考えましょう. 当然ですが, S_0 と S_1 の間で共通する要素は存在しない, つまり $S_0 \cap S_1 = \emptyset$ と仮定しておきます. ベイズ分析で対立する 2 つの仮説の比較に使われるのが**ベイズ・ファクター (Bayes factor)** です. (3.74) 式の 2 つの仮説 H_0 と H_1 を比較するベイズ・ファクター $B_{01}(D)$ は

$$B_{01}(D) = \frac{\int_{S_0} p(\pi|D) d\pi}{\int_{S_1} p(\pi|D) d\pi} \div \frac{\int_{S_0} p(\pi) d\pi}{\int_{S_1} p(\pi) d\pi} = \frac{p_0}{p_1} \div \frac{q_0}{q_1} \tag{3.75}$$

として定義されます. (3.75) 式の q_0/q_1 は**事前オッズ比 (prior odds ratio)** と呼ばれ, p_0/p_1 は**事後オッズ比 (posterior odds ratio)** と呼ばれます. 事前オッズ比も事後オッズ比も仮説が正しい確率の比ですから, 値が小さいほど

分母の仮説 H_1 が分子の仮説 H_0 よりも正しい可能性が高いことを意味します．よって，事前オッズ比は事前情報において H_1 が H_0 に対してどれだけ優位であるかを表し，事後オッズ比は事前情報にデータ D から得られた情報をあわせたときの H_1 の H_0 に対する優位性を表します．したがって，ベイズ・ファクター $B_{01}(D)$ はデータ D から得られた情報によって H_1 の H_0 に対する優位性がどれだけ向上したか（あるいは低下したか）を測る尺度であるといえます．

このように (3.75) 式のベイズ・ファクターの値が小さければ小さいほど H_1 が支持されるわけですが，ベイズ・ファクターがどの程度小さい場合に H_1 はデータから支持されると判断してよいのでしょうか．その目安を Jeffreys[14]) が提案しています．それが表 3.4 です．表 3.4 が前提としている仮説の検証では，仮説 H_0 を特に明確な証拠がない限り支持するものとみなしています．このような仮説を**帰無仮説 (null hypothesis)** といいます．逆に仮説 H_1 は特に明確な証拠がない限り採用されません．このような仮説を**対立仮説 (alternative hypothesis)** といいます．そして，ベイズ・ファクターの値がかなり小さくならない限り帰無仮説 H_0 を否定して対立仮説 H_1 を支持することはないということを表 3.4 の基準は意味しています．

先に (3.75) 式のベイズ・ファクターはデータ D から得られた情報による H_1 の H_0 に対する優位性の変化の尺度であると述べました．しかし，このことはベイズ・ファクターが事前情報に全く依存しない値であるということを意味しません．それは以下のような理由からです．事後確率 (3.70) は

$$p_i = \int_{S_i} p(\pi|D)d\pi = \int_{S_i} \frac{p(D|\pi)p(\pi)}{\int_0^1 p(D|\pi)p(\pi)d\pi}d\pi = \frac{\int_{S_i} p(D|\pi)p(\pi)d\pi}{\int_0^1 p(D|\pi)p(\pi)d\pi}$$

と書き直されることから，事後オッズ比は

表 3.4 Jeffreys によるベイズ・ファクターの等級

等級	ベイズ・ファクター	H_1 に対する支持
0	$1 < B_{01}(D)$	H_0 が支持される
1	$10^{-1/2} < B_{01}(D) < 1$	それほどではない
2	$10^{-1} < B_{01}(D) < 10^{-1/2}$	相当なものである
3	$10^{-3/2} < B_{01}(D) < 10^{-1}$	強い
4	$10^{-2} < B_{01}(D) < 10^{-3/2}$	かなり強い
5	$B_{01}(D) < 10^{-2}$	決定的である

$$\frac{p_0}{p_1} = \frac{\int_{S_0} p(D|\pi)p(\pi)d\pi}{\int_{S_1} p(D|\pi)p(\pi)d\pi}$$

となります．これを使うとベイズ・ファクター (3.75) は

$$\begin{aligned}
B_{01}(D) &= \frac{\int_{S_0} p(D|\pi)p(\pi)d\pi}{\int_{S_1} p(D|\pi)p(\pi)d\pi} \div \frac{\int_{S_0} p(\pi)d\pi}{\int_{S_1} p(\pi)d\pi} \\
&= \frac{\int_{S_0} p(D|\pi)\left\{p(\pi)/\int_{S_0} p(\pi)d\pi\right\}d\pi}{\int_{S_1} p(D|\pi)\left\{p(\pi)/\int_{S_1} p(\pi)d\pi\right\}d\pi} \\
&= \frac{\int_{S_0} p(D|\pi)p(\pi|\pi \in S_0)d\pi}{\int_{S_1} p(D|\pi)p(\pi|\pi \in S_1)d\pi}
\end{aligned} \quad (3.76)$$

と書き直されます．(3.76) 式の

$$p(\pi|\pi \in S_i) = \frac{p(\pi)}{\int_{S_i} p(\pi)d\pi}, \quad (i=0,1) \quad (3.77)$$

は仮説 $H_i : \pi \in S_i$ が正しいという条件の下での π の条件付事前分布です．(3.76) 式のベイズ・ファクターは (3.77) 式の分布で評価した尤度 $p(D|\pi)$ の期待値の比になっています．当然，事前分布 $p(\pi)$ の形状によって (3.77) 式の条件付事前分布は変化します．したがって，ベイズ・ファクターは $p(\pi)$ で与えられる事前情報に依存することになります．

それではベイズ・ファクター，事前オッズ比，事後オッズ比の関係を簡単な例をつかってみてみましょう．(3.74) 式の仮説 H_0 と H_1 の事前確率を $q_0 = 0.99$ および $q_1 = 0.01$ とします．このときの事前オッズ比は

$$\frac{q_0}{q_1} = \frac{0.99}{0.01} = 99$$

なので，事前情報では H_0 がかなり優位に立っています．仮に H_0 と H_1 の事後確率が $p_0 = 0.5$ および $p_1 = 0.5$ であったとしましょう．事後オッズ比 p_0/p_1 は 1 です．事後分布でみて H_0 が正しいかどうかは五分五分にすぎないので，とても H_1 が支持されるとはいえそうにありません．しかし，ベイズ・ファクターの常用対数値を計算すると

$$\log_{10} B_{01}(D) = \log_{10}\left(\frac{p_0}{p_1} \div \frac{q_0}{q_1}\right) = \log_{10}(1 \div 99) \approx -1.9956$$

となるので，表 3.4 では等級 4 の「H_1 に対するかなり強い支持」となります．なぜこうなるのかというと，事前には H_0 が 99% 正しいであろうという強い先入観を持って仮説の検証を始めたにもかかわらず，ふたを開けてみれば H_0 を強く支持するようなデータは得られなかったからです．先に仮説の成り立つ事後確率の大小で仮説の真偽を判断することを提案しました．しかし，事前情報において 1 つの仮説にきわめて有利な設定をして事後確率を求めてしまうと，有利な設定をしてもらった仮説の方を採用する傾向が強くなるでしょう．これは前章の納期の遅延に関する例で，取引先企業が絶対に信頼できる企業であるという事前分布を使った事例にも現れた問題です．この問題に対処する有力な方法は，単に事後確率（あるいは事後オッズ比）を使って仮説の比較を行うのではなく，ベイズ・ファクター (3.75) によって仮説の検証を行うことです．もっともベイズ・ファクター自体も (3.76) 式のように事前分布には依存しているので，事前分布の選択に無頓着であってもよいわけではないことはいうまでもありません．

それでは融資行動の例でベイズ・ファクターを計算してみましょう．ここでは以下のような 2 つの仮説を考えます．

$$H_0 : \pi \in (0.05, 1) \quad \text{対} \quad H_1 : \pi \in (0, 0.05] \tag{3.78}$$

(3.78) 式の H_0 は，すでに (3.67) 式で示した破綻確率が許容範囲を超えて高すぎるという仮説です．一方，H_1 は H_0 が成り立たないという仮説です．事前分布に (3.11) 式の一様分布を使っているので，事前オッズ比は

$$\frac{q_0}{q_1} = \frac{0.95}{0.05} = 19$$

となります．事前オッズ比が高いので，ここでも事前情報では H_0 が優位に立っていると考えていることになります．一方，事後オッズ比は先に計算した H_0 の事後確率から

$$\frac{p_0}{p_1} = \frac{0.0256\ldots}{0.9744\ldots} = 0.0262\ldots$$

となります．したがって，ベイズ・ファクターの常用対数値は

$$\log_{10} B_{01}(D) = \log_{10}\left(\frac{0.0262\ldots}{19}\right) \approx -2.8597$$

と求まります．これは表 3.4 では等級 5 に当たるので H_0 は決定的に否定されることになります．

今までは複合仮説どうしの比較をベイズ・ファクターで行うことを考えてきましたが，

$$H_0 : \pi = \pi_0 \quad \text{対} \quad H_1 : \pi \neq \pi_0 \tag{3.79}$$

のような単純仮説対複合仮説の検証もベイズ・ファクターで行うことができます．しかし，π の事前分布に連続的確率分布を仮定すると，いつも $\Pr_{p(\pi)}\{\pi = \pi_0\} = 0$ となってしまい H_0 が事前情報の段階で圧倒的に不利になってしまいます．

そこで

$$p(\pi) = q_0 \delta(\pi - \pi_0) + (1 - q_0) f(\pi) \tag{3.80}$$

という事前分布を考え，これを使ったベイズ・ファクターを導出しましょう．(3.80) 式で，$\delta(\cdot)$ は $x \neq 0$ であるときに $\delta(x) = 0$ となり $\int_{-\infty}^{\infty} \delta(x) dx = 1$ を満たすディラックのデルタ関数であり，$f(\theta)$ は連続的確率分布の確率密度関数とします．このように定義された事前分布 (3.80) において，単純仮説の H_0 が真である事前確率 $\Pr_{p(\pi)}\{\pi = \pi_0\}$ は q_0 になります．よって，(3.80) 式の事前分布に使ったときの事前オッズ比は，

$$\frac{\Pr_{p(\pi)}\{\pi = \pi_0\}}{\Pr_{p(\pi)}\{\pi \neq \pi_0\}} = \frac{q_0}{1 - q_0} \tag{3.81}$$

となります．次に事前分布 (3.80) を使ったときの π の事後分布と事後オッズ比を導出しましょう．ベイズの定理を適用すると，π の事後分布は

$$p(\pi|D) = \frac{p(D|\pi)p(\pi)}{\int_0^1 p(D|\pi)p(\pi)d\pi}$$

$$= \frac{p(D|\pi)\{q_0\delta(\pi-\pi_0) + (1-q_0)f(\pi)\}}{\int_0^1 p(D|\pi)\{q_0\delta(\pi-\pi_0) + (1-q_0)f(\pi)\}d\pi}$$

$$= \frac{q_0 p(D|\pi)\delta(\pi-\pi_0) + (1-q_0)p(D|\pi)f(\pi)}{q_0 p(D|\pi_0) + (1-q_0)\int_0^1 p(D|\pi)f(\pi)d\pi} \quad (3.82)$$

と導出されます.

(3.82) 式より

$$\mathrm{Pr}_{p(\pi|D)}\{\pi = \pi_0\} = \frac{q_0 p(D|\pi_0)}{q_0 p(D|\pi_0) + (1-q_0)\int_0^1 p(D|\pi)f(\pi)d\pi}$$

$$\mathrm{Pr}_{p(\pi|D)}\{\pi \neq \pi_0\} = \frac{(1-q_0)\int_0^1 p(D|\pi)f(\pi)d\pi}{q_0 p(D|\pi_0) + (1-q_0)\int_0^1 p(D|\pi)f(\pi)d\pi}$$

なので,事後オッズ比は

$$\frac{\mathrm{Pr}_{p(\pi|D)}\{\pi = \pi_0\}}{\mathrm{Pr}_{p(\pi|D)}\{\pi \neq \pi_0\}} = \frac{q_0}{1-q_0} \times \frac{p(D|\pi_0)}{\int_0^1 p(D|\pi)f(\pi)d\pi} \quad (3.83)$$

として得られます.したがって,(3.79) 式の 2 つの仮説を比較するベイズ・ファクターは

$$B_{01}(D) = \frac{p(D|\pi_0)}{\int_0^1 p(D|\pi)f(\pi)d\pi} \quad (3.84)$$

となります.不思議なことに (3.84) 式のベイズ・ファクターは事前オッズ比に依存していません.(3.84) 式の分子は仮説 H_0 で評価した尤度の値であり,分母は H_1 が真であるときの事前分布 $f(\pi)$ で評価した尤度の期待値です.つまり,(3.84) 式のベイズ・ファクターは H_1 が真であるときの平均的な尤度と比べて H_0 が真であるときの尤度がどの程度大きいのかを測ることで仮説の検証を目指しているのです.

また,(3.84) 式のベイズ・ファクターを異なる視点から解釈することも可能です.(3.84) 式の分子と分母に (3.80) 式の $f(\pi_0)$ をかけると,ベイズの定理より

$$f(\pi|D) = \frac{p(D|\pi)f(\pi)}{\int_0^1 p(D|\pi)f(\pi)d\pi}$$

となることから，ベイズ・ファクターの別表現

$$B_{01}(D) = \frac{p(D|\pi_0)f(\pi_0)}{\int_0^1 p(D|\pi)f(\pi)d\pi f(\pi_0)} = \frac{f(\pi_0|D)}{f(\pi_0)} \tag{3.85}$$

が得られます．

$f(\pi)$ は H_1 が真であるときの条件付事前分布であり，$f(\pi|D)$ は H_1 が真であるときの条件付事後分布です．「条件付」といっても $\pi = \pi_0$ という 1 点を除くという条件なので，実際には私たちが今まで扱ってきた連続な事前分布および事後分布と全く同じです．しかし，$p(\pi)$ や $p(\pi|D)$ をそのまま使うと混乱が生じるので，異なる表記（$f(\pi), f(\pi|D)$）を使っているだけです．(3.85) 式より，ベイズ・ファクターは H_0 が真であるときの π の値 π_0 においてデータ D が入手されることで確率密度が入手前よりどれだけ高くなるかを測って仮説の比較を行っていると解釈することも可能です．

特に本章で説明してきたベルヌーイ試行の成功確率に関するベイズ分析では事前分布に一様分布 (3.11) を使っているので，ベイズファクター (3.85) は $\pi = \pi_0$ での事後分布の確率密度 $f(\pi_0|D)$ に一致します．そのため π_0 が $f(\pi|D)$ のグラフの山の頂点の近辺にあれば H_0 が支持され，π_0 が $f(\pi|D)$ のグラフの山の裾の方にあれば H_0 は支持されないことになります．事後分布の形状からパラメータの真の値に関する推論を行うというベイズ分析の立場からすると，この結論は理にかなったものであるといえるでしょう．

3.3　将来の予測と意思決定

前節では未知のパラメータの真の値を観測されたデータからどのようにして推測するか，というテーマでベイズ的アプローチによるパラメータに関する推論の説明をしてきました．しかし，現実のベイズ分析の応用では将来の予測や意思決定が主たる目的であり，未知のパラメータの推測自体は副次的目的にすぎない場合もあります．銀行による企業への融資の例でいうと，融資先企業（X

社) が破綻する確率自体の推測よりも，X 社が将来本当に破綻するかどうかというベルヌーイ試行の結果を予測することの方が何よりも重要です．そのうえで X 社に融資すべきかどうかを予測に基づき決定するという作業に入ることになります．後でわかりますが，ベルヌーイ試行の例では未知のパラメータの推測と試行の結果の予測がほぼ連動しています．しかし，本書で考察する他の事例ではパラメータの推測と結果の予測は基本的に全く異なる作業になります．以下では将来のベルヌーイ試行の結果をどのように予測するか，そして，その予測結果を意思決定にどのように生かすかを説明しましょう．

まずベイズ分析における予測の方法を考えましょう．まだ観測されていないベルヌーイ分布の実現値を $\tilde{x}$ とします．$\tilde{x}$ の確率分布は (3.3) 式の確率関数で与えられます．これを $p(\tilde{x}|\pi)$ と表記しましょう．$\tilde{x}$ はまだ観測されていないので未知のパラメータの一種として扱うことができます．未知のパラメータ π の事後分布 $p(\pi|D)$ は，データ D が観測されたという条件の下での π の条件付分布でした．同じ発想で未知の値である $\tilde{x}$ のデータ D が観測されたという条件の下での条件付確率分布 $p(\tilde{x}|D)$ を考えます．これを $\tilde{x}$ の**予測分布 (predictive distribution)** といいます．条件付確率分布の定義より，予測分布は

$$p(\tilde{x}|D) = \frac{p(\tilde{x}, D)}{p(D)} \tag{3.86}$$

と書き直されます．ここで，周辺確率分布と条件付確率分布の関係から

$$p(\tilde{x}, D) = \int_0^1 p(\tilde{x}, D|\pi)p(\pi)d\pi, \qquad p(D) = \int_0^1 p(D|\pi)p(\pi)d\pi$$

となるので，予測分布は

$$p(\tilde{x}|D) = \frac{p(\tilde{x}, D)}{p(D)} = \frac{\int_0^1 p(\tilde{x}, D|\pi)p(\pi)d\pi}{\int_0^1 p(D|\pi)p(\pi)d\pi}$$

と定義されます．特にベルヌーイ試行は定義で互いに独立に結果が決まるので $\tilde{x}$ は過去の実現値 $D = (x_1, \ldots, x_n)$ とは独立になります．これを使うと

$$p(\tilde{x}, D|\pi)p(\pi) = p(\tilde{x}|\pi)p(D|\pi)p(\pi)$$

と展開できるので，$\tilde{x}$ の予測分布 $p(\tilde{x}|D)$ は

3.3 将来の予測と意思決定

$$
\begin{aligned}
p(\tilde{x}|D) &= \frac{\int_0^1 p(\tilde{x}|\pi)p(D|\pi)p(\pi)d\pi}{\int_0^1 p(D|\pi)p(\pi)d\pi} \\
&= \int_0^1 p(\tilde{x}|\pi)\frac{p(D|\pi)p(\pi)}{\int_0^1 p(D|\pi)p(\pi)d\pi}d\pi \\
&= \int_0^1 p(\tilde{x}|\pi)p(\pi|D)d\pi
\end{aligned}
\tag{3.87}
$$

として与えられます.

それでは (3.39) 式の企業の破綻確率 π の事後分布を使って破綻の予測分布を導出しましょう. 企業の破綻はベルヌーイ試行であると仮定しているので, (3.87) 式の予測分布を求めればよいことになります. すると, 破綻の予測分布は

$$
\begin{aligned}
p(\tilde{x}|D) &= \int_0^1 \pi^{\tilde{x}}(1-\pi)^{1-\tilde{x}}\frac{\pi^y(1-\pi)^{n-y}}{B(y+1, n-y+1)}d\pi \\
&= \frac{\int_0^1 \pi^{y+\tilde{x}}(1-\pi)^{n-y-\tilde{x}+1}d\pi}{B(y+1, n-y+1)} \\
&= \frac{B(y+\tilde{x}+1, n-y-\tilde{x}+2)}{B(y+1, n-y+1)}
\end{aligned}
\tag{3.88}
$$

と求まります. (3.88) 式をもう少しわかりやすい形に書き直しましょう. 企業が破綻した場合は $\tilde{x}=1$ なので (3.88) 式は

$$
p(\tilde{x}=1|D) = \frac{B(y+2, n-y+1)}{B(y+1, n-y+1)}
$$

となります. (3.24) 式のベータ関数の性質より

$$
\begin{aligned}
B(y+2, n-y+1) &= \frac{(y+1)!(n-y)!}{(n+2)!} = \frac{(y+1)y!(n-y)!}{(n+2)(n+1)!} \\
&= \frac{y+1}{n+2}B(y+1, n-y+1)
\end{aligned}
$$

と書き直されることを使うと, 企業が破綻する予測確率は

$$
p(\tilde{x}=1|D) = \frac{y+1}{n+2}
\tag{3.89}
$$

です. 一方, 企業が破綻しなかった場合は $\tilde{x}=0$ なので (3.88) 式は

$$p(\tilde{x}=0|D) = \frac{B(y+1, n-y+2)}{B(y+1, n-y+1)}$$

です.同じく (3.24) 式のベータ関数の性質より,

$$B(y+1, n-y+2) = \frac{y!(n-y+1)!}{(n+2)!} = \frac{y!(n-y+1)(n-y)!}{(n+2)(n+1)!}$$
$$= \frac{n-y+1}{n+2} B(y+1, n-y+1)$$

となることから,企業が破綻しない予測確率は

$$p(\tilde{x}=0|D) = \frac{n-y+1}{n+2} \tag{3.90}$$

と求まります.破綻する予測確率 (3.89) と破綻しない予測確率 (3.90) をまとめると,企業の破綻の予測分布は

$$p(\tilde{x}|D) = \left(\frac{y+1}{n+2}\right)^{\tilde{x}} \left(\frac{n-y+1}{n+2}\right)^{1-\tilde{x}} \tag{3.91}$$

で定義されることになります.

$$\frac{y+1}{n+2} + \frac{n-y+1}{n+2} = 1$$

なので,(3.91) 式は成功確率(破綻確率)が $(y+1)/(n+2)$ であるベルヌーイ分布の確率関数であることがわかります.

ここで,企業破綻の予測分布における破綻確率 (3.89) と,前に考察した破綻確率の事後分布で評価した破綻確率の点推定の差異を明確にしておきましょう.破綻確率 π の事後分布の平均は (3.50) 式で与えられました.2 乗誤差損失を使えば (3.50) 式が π の点推定となります.単なる偶然なのですが,π の点推定 (3.50) 式と予測分布での破綻確率 (3.89) 式はともに $(y+1)/(n+2)$ です.しかし,前者は特定の損失関数によって導かれた未知のパラメータ π の点推定であるのに対し,後者は将来のベルヌーイ試行の結果の予測分布における π の値です.両者は解釈も用途も全く異なるものであることに注意しましょう.

次に予測分布を使った意思決定について少し説明しましょう.前章で,納期遅延の予測分布を使って目標未達成度をリスクの尺度とした意思決定の話をし

ました.そこでは納期に遅れる確率を X 社が信頼できる場合とできない場合の 2 種類しか考えていませんでしたが,本章では納期に遅れる確率の事後分布を使って目標未達成度でみたリスクの評価を考えましょう.ここでも前章と同じ目標未達成度

$$
目標未達成度 = \begin{cases} 100 & (納期に遅れた場合) \\ 0 & (納期が守られた場合) \end{cases}
$$

を使います.これは X 社が納期に遅れると 100(万円)の損失を被るが,納期が守られると損失はゼロですむという基準です.納期に遅れる確率を π とし,その事後分布が (3.39) 式のベータ分布であるとしましょう.納期遅延の例では (3.39) 式の y は過去に納期に遅れた回数であり,n は過去の納期の回数です.X 社が過去のすべての納期に遅れた場合には $y = n$ となります.(3.91) 式より,この場合の予測分布は

$$
p(\tilde{x}|D) = \left(\frac{n+1}{n+2}\right)^{\tilde{x}} \left(\frac{1}{n+2}\right)^{1-\tilde{x}}
$$

です.これを使って計算された X 社が過去に納期に続けて 1, 2, 3, 10, 100 回遅れた後で次の納期に遅れる確率 $p(\tilde{x} = 1|D)$ が,表 3.5 の第 1 行に示されています.先の段落で言及したように,これらの値は表 3.3 の第 1 列の事後分布の平均と数値としては同じです.目標未達成度でみたリスクは

$$
リスク = \frac{n+1}{n+2} \times 100 + \frac{1}{n+2} \times 0 = \frac{n+1}{n+2} \times 100
$$

と定義されるので,表 3.5 の第 1 行の値に納期に遅れたときの目標未達成度である 100 をかければ X 社と取引を行うリスクが求まります.そうして求められたリスクは表 3.5 の第 2 行にまとめられています.

表 3.5 において,納期の遅延が繰り返されるたびに X 社と取引を続けるリスクが上がっていくのは表 2.9 に示されている前章の例と同じです.しかし,前

表 **3.5** 納期の遅延に関するリスク

納期の遅延	1 回目	2 回目	3 回目	10 回目	100 回目
遅延確率	0.6667	0.7500	0.8000	0.9167	0.9902
リスク	66.67	75.00	80.00	91.67	99.02

章の例でリスクの上限が 50（万円）であったのと違って，この例ではリスクは最大損失である 100（万円）に近づいていきます．これは，前章の例では信頼できない企業が納期に遅れる確率を 1/2 に固定していたのに対し，この例では予測分布で企業が納期に遅れる確率は理論上の上限である 1 まで近づくことができるからです．そのため 10 回あるいは 100 回も続けて納期に遅れるような企業が再び納期に遅れる確率は 1 に近くなるのです．納期に遅れる確率を前章の例のように固定された候補から選ぶのではなく，区間 (0, 1) から選ぶようにしたことの利点がここに現れています．

本章でみてきたベルヌーイ試行（分布）は成功か失敗かの 2 通りの結果しか観測されない離散的確率分布であるため，予測分布を説明する例としては少し物足りないところがあります．予測分布とそれに基づく意思決定の真骨頂は連続的確率分布のベイズ分析で発揮されます．次章では連続的確率分布の代表例である正規分布のベイズ分析の解説を行います．そこでもっと詳しく予測分布の利用法を説明します．

3.4 ま と め

本章では，ベルヌーイ試行の結果がデータとして与えられたときにベルヌーイ試行の成功確率に関する推論をベイズ的アプローチで行う方法を説明しました．まず，成功確率の事前分布に 0 と 1 の間の一様分布を使うと，成功確率の事後分布はベータ分布になることを示しました．そして，この事後分布を使って未知のパラメータである成功確率に関する推論（点推定，区間推定，仮説検定）を行う方法を解説しました．その方法をまとめると次のようになります．

1) 点推定では，推定誤差を損失関数として表現し，その期待値を事後分布で評価した期待損失を最小にするようにパラメータの推定値を決めます．
2) 区間推定では，事後分布で真である可能性が高いパラメータの値の候補の集合を信用区間や最高事後密度 (HPD) 区間として定義し，真の値が高い確率（例えば 95%）で入っている可能性がある区間として使います．
3) 仮説検定は，仮説で想定しているパラメータがとりうる値（範囲）が正しい確率が，データがもたらす情報によってどれだけ上昇したかをベイ

ズ・ファクターで測ることで行われます.

最後に, 将来のベルヌーイ試行の結果の予測分布がベルヌーイ分布になることを示し, 予測分布を使って評価した損失関数の期待値が不確実性の下での意思決定の基準となることを説明しました.

> キーワード：ベルヌーイ試行, ベルヌーイ分布, ベータ分布, 尤度, 2乗誤差損失, 絶対誤差損失, 0-1損失, 期待損失, 信用区間, 最高事後密度 (HPD) 区間, 事前オッズ比, 事後オッズ比, ベイズ・ファクター

練習問題

1. ベルヌーイ試行の結果 $D = (x_1, \ldots, x_n)$ が与えられたとします. ベルヌーイ試行の成功確率 π の事前分布として 0 と 1 の間の一様分布 (3.11) を使うと, π の事後分布は (3.35) 式になりました. ここでは一様分布の代わりにベータ分布 $\mathcal{B}e(\alpha_0, \beta_0)$

$$p(\pi) \propto \pi^{\alpha_0 - 1}(1-\pi)^{\beta_0 - 1} \mathbf{1}_{(0,1)}(\pi) \tag{3.92}$$

を使ってみましょう.

   a) 一様分布 (3.11) がベータ分布 $\mathcal{B}e(1,1)$ であることを示しましょう.
   b) (3.92) 式のベータ分布を事前分布に使用したときの成功確率 π の事後分布 $p(\pi|D)$ を求めましょう.
   c) (3.92) 式のベータ分布を事前分布に使用したときの将来のベルヌーイ試行の実現値 $\tilde{x}$ の予測分布 $p(\tilde{x}|D)$ を求めましょう.

2. 災害, 事故, 企業の破綻など, まれに起きる現象が一定期間に起きる回数の確率分布として**ポアソン分布 (Poisson distribution)** がよく使われます. ポアソン分布は非負の整数をとる確率分布で確率関数は

$$p(x|\lambda) = \frac{\lambda^x e^{-\lambda}}{x!}, \quad (x = 0, 1, 2, \ldots) \tag{3.93}$$

です. λ が未知のパラメータであり推測対象となります.

a) ポアソン分布 (3.93) に従うデータ $D = (x_1, \ldots, x_n)$ があるとします．尤度 $p(D|\lambda)$ を示しましょう．

b) λ の事前分布にガンマ分布 $\mathcal{G}a(\alpha_0, \beta_0)$

$$p(\lambda) = \frac{\beta_0^{\alpha_0}}{\Gamma(\alpha_0)} \lambda^{\alpha_0 - 1} e^{-\beta_0 \lambda} \qquad (3.94)$$

を使って λ の事後分布 $p(\lambda|D)$ を導出しましょう．ここで $\Gamma(\cdot)$ はガンマ関数です．

c) b) で求めた λ の事後分布を使ってポアソン分布の将来の実現値 $\tilde{x}$ の予測分布 $p(\tilde{x}|D)$ を導出しましょう．

3. ポアソン分布はまれな現象が一定期間に起きる回数の確率分布ですが，まれな現象の起きる間隔の確率分布として**指数分布 (exponential distribution)** があります．指数分布は正の実数をとる確率分布で確率密度関数は

$$p(x|\lambda) = \lambda e^{-\lambda x}, \quad (x > 0) \qquad (3.95)$$

です．λ が未知のパラメータであり推測対象となります．

a) 指数分布 (3.95) に従うデータ $D = (x_1, \ldots, x_n)$ があるとします．尤度 $p(D|\lambda)$ を示しましょう．

b) λ の事前分布に (3.94) 式のガンマ分布 $\mathcal{G}a(\alpha_0, \beta_0)$ を使って λ の事後分布 $p(\lambda|D)$ を導出しましょう．

c) b) で求めた λ の事後分布を使って指数分布の将来の実現値 $\tilde{x}$ の予測分布 $p(\tilde{x}|D)$ を導出しましょう．

4

ベイズ的アプローチによる資産運用

　前章までは，観測される結果が「成功」か「失敗」かといった離散的である確率分布における，パラメータの推論と不確実性の下での意思決定の議論をしてきました．しかし，現実に私たちが直面する不確実性は連続的確率分布で記述する方が適切である場合も多いのです．本章で扱う資産運用はその代表例です．資産運用では，株式などの投資対象となる資産の将来の収益率を予想し，手持ちの資金を各資産にどのように振り分けるのが最適であるかを決めます．この資金の分け方を投資配分と呼ぶことにしましょう．株式などの資産は将来の収益率が投資を行った時点では不明であり，株式への投資は場合によっては大きな損失を被るおそれがあります．そこで損失を被る危険性を考慮しつつ高い収益を上げられるように株式への投資配分を決めることが重要になります．これが不確実性の下での最適投資配分の決定です．このためには収益率の不確実性を何らかの確率分布で表現しないといけませんが，株式などの収益率はベルヌーイ分布のように0か1かの2つの値しかとらない確率分布ではうまく記述できません．代わりに連続的確率分布を使う必要があります．幸いにもベイズ分析を離散的確率分布から連続的確率分布へ拡張することは簡単です．離散的確率分布と連続的確率分布で分析手順に変わるところは基本的に何もありません．第2, 3章で説明したベイズ分析の枠組みでデータの分布を連続的なものに置き換えるだけですんでしまいます．

　本章では，定期預金と株価指数に連動した投資信託という2つの投資対象となる資産を考え，これらに手持ちの資金をどのように振り分けるのが最適であるかをベイズ的アプローチで決定する方法を説明します．定期預金では収益率（金利）は固定されていますが，投資信託では収益率は不確実であると想定します．さらに投資信託の収益率が連続的確率分布の代表例である正規分布に従う

ものと仮定して，投資信託に資金を託することの不確実性を表現することにします．まず4.1節では将来の資産の収益率が不確実である場合に資産運用において投資家が直面する問題を整理し，ベイズ的アプローチで最適な投資配分を決定する手順の概要を提示します．続く4.2〜4.4節でベイズ的アプローチによる最適投資配分の決定の詳細に解説します．本章では資産の数は2つ（定期預金と投資信託）しかありませんが，資産の数が増えても基本的な手順は変わりません．しかし，資産の数が増えると収益率の確率分布が多次元のものになり，数式表現に行列を使わざるを得なくなります．本書はベイズ分析の入門書という位置づけなので，資産が3つ以上の場合の最適な投資配分の決定の説明は割愛します．

4.1 不確実性の下での資産運用

ある人（Iさんとしましょう）が運よく宝くじを当てたとしましょう．今のところIさんは賞金を使う予定がないので，賞金を資産運用で増やすことに決めたとします．Iさんの運用先の選択肢は，①定期預金と②日経平均に連動した上場投資信託 (ETF) であるとしましょう．ETFとは通常の投資信託と異なり証券取引所に上場され，売買が可能な株価指数連動型投資信託です．要するに「日経平均」という名の株式に投資するようなものだと考えてください．定期預金は元本の保証があり金利は固定されています．このように満期時点の元本と利子が保証されている資産を**安全資産 (riskless asset)** と呼びます．一方，日経平均連動型ETF（長いので以下では単にファンド）は元本の保証はなく時々刻々と時価が変動します．そして，運用実績に応じて分配金も決まります．このような収益が市場の実勢に応じて変動する資産を**危険資産 (risky asset)** と呼びます．ここでIさんが直面している資産運用の問題は手元の資金を安全資産と危険資産にどのように配分するかという疑問に帰着されます．本章ではベイズ的アプローチで資産運用を行う方法を説明します．もちろんベイズ的アプローチは必ずもうかることを保証するものではありません．これは，投資家が持つ主観的情報と市場で得られる株価や金利などのデータを統合して資産運用を行うことを目指す手法です．

4.1 不確実性の下での資産運用

表 4.1 日経平均の年次収益率と 1 年物定期預金金利(%)

年　度	2000	2001	2002	2003	2004	2005
日経平均	4.59	4.36	2.07	8.67	16.78	17.48
定期預金	0.17	0.06	0.04	0.04	0.04	0.07

ファンドへの投資に先立って，I さんはファンドの過去の運用実績を調べました．I さんが投資を考慮しているファンドは日経平均連動型 ETF なので，日経平均の収益率をそのまま使いましょう．表 4.1 に 2000〜2005 年度の日経平均の年次収益率がまとめられています．表 4.1 の年次収益率は

$$\text{今年度の年次収益率} = \frac{\text{今年度末の日経平均株価} - \text{前年度末の日経平均株価}}{\text{前年度末の日経平均株価}} \times 100$$

という公式で計算されています．安全資産として 1 年物定期預金を使います．各年度末における 1 年物定期預金の金利も同じく表 4.1 にまとめられています．ここで，ファンドの収益率に年次データを使い定期預金に 1 年物を考えているのは，毎年度末に I さんが今までのファンドの運用実績と向こう 1 年で保証されている定期預金の金利をにらみながら，運用方針を変更することを想定しているからです．

しかしながら，表 4.1 にまとめられているファンド（日経平均）の収益率は，あくまでも過去の運用実績です．過去の運用実績がよかったといっても将来もよい運用実績をあげることができるとは限りません．何よりも I さんにとって重要なのは投資を開始した後の将来の収益率ですから，過去の収益率データはしょせん参考値にすぎないのです．しかし，ファンドは危険資産ですから将来の収益率は前もってわかりません．そこで，ファンドの収益率を確率変数とみなし，それが特定の確率分布に従うとします．こうすることでファンドの収益率の不確実性を体系的に扱うことができるようになります．

本章ではファンドの収益率の分布に**正規分布 (normal distribution)** を仮定しましょう．正規分布は実数値をとる連続的な確率分布の一種で，統計学を学んだ方にはすでにおなじみの分布であると思います．平均が μ で分散が σ^2 である正規分布の確率密度関数は

$$p(x|\mu) = \frac{1}{\sqrt{2\pi\sigma^2}} \exp\left[-\frac{(x-\mu)^2}{2\sigma^2}\right] \qquad (4.1)$$

です．(4.1) 式から明らかなように，正規分布は平均と分散が決まると分布が特定される性質を持っています．以下では平均が μ で分散が σ^2 である正規分布を $\mathcal{N}(\mu, \sigma^2)$ と表記し，収益率 X が正規分布 $\mathcal{N}(\mu, \sigma^2)$ に従うということを

$$X \sim \mathcal{N}(\mu, \sigma^2)$$

と表記しましょう．(4.1) 式の μ は収益率の平均（期待値）なので**期待収益率 (expected rate of return)** と呼ばれます．一方，σ は統計学では**標準偏差 (standard deviation)** ですが，ファイナンスではボラティリティ **(volatility)** と呼ばれたりします．正規分布の確率密度関数 (4.1) のグラフが μ と σ の値に応じてどのように変化するかが図 4.1 に示されています．図 4.1 の上段では σ を 1 に固定し，μ を 0, -4, 4 と変化させています．μ が小さくなると分布の山は左へ動き，μ が大きくなると分布の山は右へ動きます．しかし，山の形そのものは変化しません．ただ分布の山の位置が変化するだけです．このように μ は分布の山の位置を決定するパラメータなので，**位置パラメータ (location**

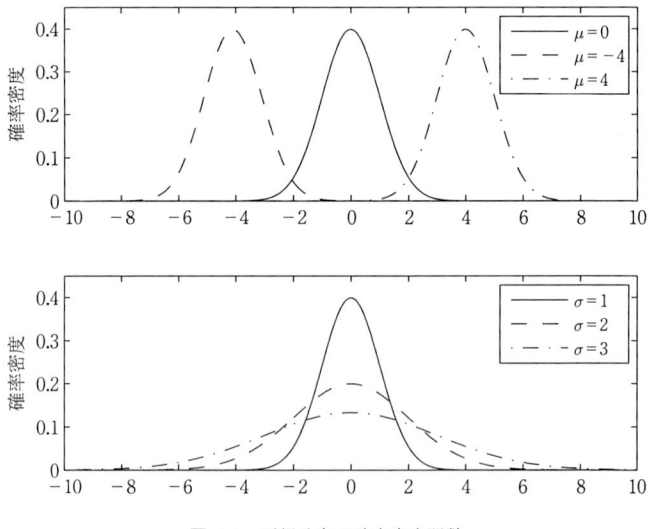

図 4.1 正規分布の確率密度関数

parameter) と呼ばれます．一方，図 4.1 の下段では μ を 0 に固定し，σ を 1，2，3 と変化させています．この場合は分布の山の位置はそのままで分布の広がりだけが変化しています．σ は**尺度パラメータ** (scale parameter) と呼ばれます．

　ファンドの過去の収益率の値を $x_1, x_2, x_3, \ldots$，将来のファンドの収益率の値を $\tilde{x}$ とし，どちらも $\mathcal{N}(\mu, \sigma^2)$ に従うファンドの収益率 X の実現値であると仮定します．これは過去も将来もファンドの収益率が同じ分布 $\mathcal{N}(\mu, \sigma^2)$ に従うという仮定です．さらにファンドの収益率の分布 (4.1) において，期待収益率 μ は I さんにとって（実際には万人にとってですが）未知の値であるとします．これは μ が未知のパラメータであることを意味します．一方，ボラティリティ σ は既知であると仮定します．期待収益率 μ が未知なのにボラティリティ σ が既知であるという仮定を不自然と思う読者の皆さんもいると思います．しかし，収益率のボラティリティの値を代用するものとして**インプライド・ボラティリティ** (implied volatility) という尺度が存在します．インプライド・ボラティリティとはオプション価格に含意されている（インプライド）ボラティリティという意味です．

　インプライド・ボラティリティについて説明するため，オプションについて手短に解説しましょう．オプションとは資産（例えば株式）を将来の時点（権利行使日）に契約時点で決めた価格（権利行使価格）で売買する権利です．買う権利をコール・オプション，売る権利をプット・オプションと呼びます．オプションはあくまでも「権利」ですので，先物取引などと異なり実際に売買をしなくてもかまいません．そのためオプション保有者はオプションを行使すれば得するときだけ資産の売買を行い，損するときはオプションを放棄することができるのです．オプションを行使すると得か損かは，権利行使日における資産の市場価格と権利行使価格の大小関係で決まります．コール・オプションでは市場価格が権利行使価格を上回っていれば得になります．なぜなら，権利行使価格で購入した資産を市場価格で転売すれば市場価格と権利行使価格の差額がオプション保有者の利益になるからです．逆に市場価格が権利行使価格を下回っていれば市場で買ったほうが安いのでオプションは行使しません．コール・オプションと正反対の理由で，プット・オプションでは市場価格が権利行使価格

を下回っていれば得になるのでオプションは行使され，市場価格が権利行使価格を上回っていれば損になるのでオプションは行使されません．以上の説明からわかるように，オプション保有者の利得は将来の市場価格に応じてランダムに変動しますが損をすることはありません．つまり，オプション保有者にとってオプションは負の利得が生じない「くじ」なのです．そのためオプションを手に入れるためには正の価格（プレミアム）を支払うことになります．また，オプションのプレミアムはオプションを売った者が全く得をしないことからも説明されます．オプションを売った者にとって，相手がオプションを行使しなければ何も起きません．しかし，相手が行使してしまった場合はオプションを買った者が得た利益をそっくりそのまま損失として被ることになります．その理由はオプション保有者が損をしない理屈を裏返して考えればすぐにわかります．そのためプレミアムを払ってもらわない限り誰もオプション取引を行う契約など結ぼうとはしないのです．オプション保有者が損をしない（実際にはプレミアムを負担する必要がありますが）ことから，オプションは資産価格変動のリスクを回避するための「保険」のようなものといえます．この比喩でいうと，オプション価格は「保険料」に当たります．

ではインプライド・ボラティリティのもとになっているオプション価格はどのように決められているのでしょうか．証券取引所に上場されているオプションの場合は市場で価格が日々決まっています．相対取引で契約が結ばれるオプションの場合は売り手と買い手の交渉の中で価格が決まります．しかし，何の基準もなくオプション価格を算定するのは大変なので，簡単なオプション価格の公式が考え出されています．それが有名なブラック-ショールズの公式 (Black-Sholes formula) です．現時点の資産価格を S_0，オプションの権利行使日までの時間を T，権利行使価格を K，安全資産の複利利回りを r とすると，コール・オプション価格のブラック-ショールズの公式は

$$c_0 = S_0 \Phi(d_1) - Ke^{-rT}\Phi(d_2)$$
$$d_1 = \frac{\log(S_0/K) + (r + \sigma^2/2)T}{\sigma\sqrt{T}}, \qquad d_2 = d_1 - \sigma\sqrt{T} \tag{4.2}$$

として与えられます．(4.2) 式で $\Phi(\cdot)$ は標準正規分布 $\mathcal{N}(0, 1)$ の累積分布関数

4.1 不確実性の下での資産運用

です.(4.2) 式の σ はボラティリティと呼ばれ,T が年単位であれば向こう 1 年間における資産収益率の標準偏差になります.ブラック–ショールズの公式 (4.2) の導出や意味についてはファイナンスの教科書を参考にしてください.

ブラック–ショールズの公式 (4.2) はオプション価格の「理論値」を求めるための公式です.しかし,ブラック–ショールズの公式 (4.2) を使うためにはボラティリティ σ の値が必要です.過去の資産価格の変動から σ を推定することもできますが,ブラック–ショールズの公式 (4.2) を利用してオプションの市場価格からボラティリティの値を逆算することもできます.ここで,オプションの市場価格とブラック–ショールズの公式 (4.2) で与えられるオプションの理論価格が一致していると仮定しましょう.これは (4.2) 式の左辺の c_0 にオプションの市場価格を代入しても等号が成り立つことを意味します.オプションの権利行使価格と権利行使日までの時間は契約上決まっていますし,安全資産の利回りも市場で観測できます.したがって,(4.2) 式で未知の値はボラティリティ σ だけです.よって,(4.2) 式を σ を未知数とする方程式とみなして σ について解くと,ボラティリティの推定値が得られます.これがインプライド・ボラティリティです.インプライド・ボラティリティは,資産収益率の変動の程度に関する市場の予想を反映したものであるといえます.つまり,市場が将来に資産価格が大きく変動すると予想していればインプライド・ボラティリティは大きくなり,あまり変動しないと予想していればインプライド・ボラティリティは小さくなります.これは第 2 章で紹介した社債利回りのスプレッドが社債を発行した企業の破綻確率に関する情報を有しているという発想と同じです.効率的市場で不特定多数の市場参加者が持つ価格変動リスクに関する情報が集約されたものとして,インプライド・ボラティリティは学術研究でも実務でも分析に広く使われています.

話を資産運用に戻しましょう.ここで考えているファンドは日経平均に連動する ETF でした.このタイプのファンドの収益率は日経平均の収益率にほぼ連動するように運用されています.そのためファンドの収益率と日経平均の収益率を同一視しても議論の妥当性が大きく損なわれることはありません.したがって,ファンドの収益率のボラティリティは日経平均の収益率のボラティリティと同じものと考えてもよいでしょう.日経平均は株価指数なので売買する

ものではないと思われる方もいるかもしれません．もちろん日経平均を225種の株式で構成されたポートフォリオとみなせば，これも資産の一種ですので売買は可能です．しかし，実際には225種の株式をまとめて売買するような面倒なことはせず，権利行使価格との差額を決済するだけでオプションは清算されます．日経平均オプションは大阪証券取引所などで取引されており，その価格は市場で日々決定されています．したがって，日経平均オプションの市場価格から日経平均のインプライド・ボラティリティを求めることができます．それをファンドの収益率のボラティリティとして代用することにしましょう．

少し前置きが長くなりましたが，Ｉさんがおかれている状況をまとめると以下のようになります．

1) 直近 n 年のファンドの収益率データ $D = (x_1, \ldots, x_n)$ は観測されている（表4.1の収益率データであれば $n = 6$ です）．
2) ファンドの将来の収益率 $\tilde{x}$ はわからない．
3) $x_i\ (i = 1, \ldots, n)$ と $\tilde{x}$ は正規分布 $\mathcal{N}(\mu, \sigma^2)$ から独立に生成されるものと仮定する．
4) ファンドの期待収益率 μ は未知である．
5) ファンドの収益率のボラティリティ σ はインプライド・ボラティリティで代用できる．

この状況下でＩさんは2種類の不確実性に直面しています．第1の不確実性は将来のファンドの収益率 $\tilde{x}$ に関するものです．$\tilde{x}$ は正規分布 $\mathcal{N}(\mu, \sigma^2)$ に従う確率変数の実現値なので，当然ですが前もって値を知ることはできません．この不確実性は危険資産であるファンドの特性そのものであるといえます．一方，第2の不確実性はファンドの期待収益率 μ に関するものです．ファンドの収益率は正規分布に従いますが，その平均（期待収益率）μ の値は未知なのでファンドの収益率の分布が確定しないことになります．後で詳しく説明しますが，収益率の分布を確定できないことは資産運用において大きな障害となります．本章では2種類の不確実性に対処しつつベイズ的アプローチで資産運用を行う方法を説明します．大まかにベイズ的アプローチによる資産運用の流れを示すと以下のようになります．

ステップ1 ファンドの過去の運用実績に関するデータ D を集める

ステップ2 期待収益率 μ の予想を立てて μ の事前分布 $p(\mu)$ を決定する
ステップ3 期待収益率 μ の事後分布 $p(\mu|D)$ を求める
ステップ4 将来のファンドの収益率 $\tilde{x}$ の予測分布 $p(\tilde{x}|D)$ を求める
ステップ5 予測分布 $p(\tilde{x}|D)$ を使って最適な投資配分を決める

資産運用をする際に投資対象のファンドが過去にどれだけの運用実績を上げていたかを調べるのは当然のことですから，ステップ1は当たり前の作業です．期待収益率 μ は未知なので何らかの予想を立てる必要があります．それがステップ2です．μ に関する予想を立てると，それから μ の事前分布 $p(\mu)$ を決めることができます．続いてステップ3ではファンドの過去の運用実績のデータ D と μ の事前分布 $p(\mu)$ から μ の事後分布 $p(\mu|D)$ を求めます．これには当然，ベイズの定理を使うことになります．第3章までのベイズ分析ではパラメータの推測が事後分布の主な使い道でしたが，ここでは資産運用が目的なので μ の事後分布 $p(\mu|D)$ は将来のファンドの収益率 $\tilde{x}$ の予測分布 $p(\tilde{x}|D)$ を求める目的に利用されます．ステップ4でこの予測分布 $p(\tilde{x}|D)$ を求めます．最後のステップ5では予測分布を使ってファンドと定期預金の間の最適な投資配分を決定します．これがベイズ的アプローチによる資産運用の概要です．次節以降で各ステップの実行に関する詳細な説明をしていきましょう．

4.2 期待収益率の事前分布の決定

まずファンドの期待収益率の予想を立てることから始めましょう．ファンドの平均的な収益率がどの程度になるかを推測するのはかなり難しい作業です．しかし，エコノミストと呼ばれる専門家は景気動向などを踏まえて将来の日経平均の水準などを予想しています．人によって根拠は様々でしょうが，全くのあてずっぽうで予想をしているわけでもないでしょう．Iさんは知り合いの3人のエコノミストに相談してみることにしました．エコノミスト三氏の1年後の日経平均に関する予想は以下のとおりでした．

X氏 「日本の景気は拡大局面が続く．日経平均は最悪でも現在の水準を維持できる．うまくいけば60％は上昇する」

Y氏 「日本の景気は先行き不透明である．日経平均は現在の水準を中心に

プラスマイナス 30% のレンジ内をほぼ横ばいで推移するだろう」

Z 氏　「日本経済は確実に減速する．日経平均はよくて横ばい，最悪のシナリオでは 60% 下落する可能性もある」

三者三様の予想ですが，彼らの予想をもとにファンドの期待収益率 μ の事前分布を作ってみましょう．繰返しになりますが，ここで投資対象としているファンドは日経平均に連動するように運用されているので，向こう 1 年の日経平均の騰落率がそのままファンドの収益率に反映されることになります．

この三氏の予想はフィクションですが，現実にメディアを通して私たちが目にする日経平均などの経済金融関連の指数の予想は，「期待値の予想」よりも「実現値の予想」を意図して行われるものが大半です．そのためフィクションであっても，上記三氏の予想も日経平均の期待収益率ではなく日経平均の実際の収益率を念頭においた発言であると考えた方が自然でしょう．しかし，日経平均自体が 1 日のうちに何百円も動くことはざらにあるわけですから，1 年先の日経平均の値をピンポイントで予想するというのは非現実的です．予想をしている当人は明確に意識していないとしても，実際には 1 年後の日経平均の「平均的な値」について予想をしていると考えるのが現実的ではないでしょうか．例えば，X 氏が述べた「日経平均がうまくいけば 60% 上昇する」という予想を「日経平均の期待収益率の最大値が 60% 程度である」という期待収益率に関する予想に読み替えることができます．さらに X 氏は「日経平均の上昇率が悪くて 0%，よくて 60%」と予想しているわけですから，期待収益率自体の不確実性も考慮して 0〜60% の幅を持たせてあると解釈できるでしょう．つまり，X 氏は期待収益率を何らかの分布を持った確率変数であるとみなしたうえで期待収益率に関する予想を立てていると考えられるのです．同じことは Y 氏と Z 氏の予想にも当てはまります．

この発想に基づいて X, Y, Z 各氏の予想に基づく期待収益率 μ の事前分布を作ってみましょう．三氏の期待収益率 μ の予想レンジは表 4.2 の第 1 列のようになります．ここでは期待収益率 μ を確率変数であるとみなすわけですが，μ の分布の形状について全く仮定をおくことなく議論を進めることはできないので，μ の事前分布が正規分布 $\mathcal{N}(\mu_0, \tau_0^2)$ であると仮定しておきます．正規分布 $\mathcal{N}(\mu_0, \tau_0^2)$ の確率密度関数は

4.3 期待収益率の事後分布と将来の収益率の予測分布

表 4.2 エコノミストの予想に基づく期待収益率 μ の事前分布

	期待収益率 μ に関する事前情報			
	予想レンジ	中心値	上限 − 中心	事前分布
X 氏	0%〜60%	30%	30%	$\mathcal{N}(0.3, (0.1)^2)$
Y 氏	−30%〜30%	0%	30%	$\mathcal{N}(0, (0.1)^2)$
Z 氏	−60%〜0%	−30%	30%	$\mathcal{N}(-0.3, (0.1)^2)$

$$p(\mu) = \frac{1}{\sqrt{2\pi\tau_0^2}} \exp\left[-\frac{(\mu-\mu_0)^2}{2\tau_0^2}\right] \qquad (4.3)$$

です.正規分布の代わりに一様分布などの別の分布を使うことも可能ですが,説明が簡単になるので正規分布を事前分布に使います.正規分布 (4.3) では平均 μ_0 と標準偏差 τ_0 が与えられると分布が特定されることを思い出しましょう.μ_0 や τ_0 のように事前分布の形状を決定する変数をベイズ分析では**ハイパー・パラメータ (hyper-parameter)** と呼びます.ハイパー・パラメータである μ_0 と τ_0 を三氏の予想レンジから読み取ることで μ の事前分布を作ることにしましょう.この目的に「正規分布は標準偏差の 3 倍を超えて平均から乖離することはまれである」という性質が使えます.正確には $\mu \sim \mathcal{N}(\mu_0, \tau_0^2)$ で

$$\mu_0 - 3\tau_0 \leq \mu \leq \mu_0 + 3\tau_0 \qquad (4.4)$$

のレンジに μ が収まる確率は 99.73% ほどです.したがって,表 4.2 第 1 列の予想レンジが (4.4) 式のレンジに対応しているとみなすと,

- 平均 μ_0 は予想レンジの中心値
- 標準偏差 τ_0 は予想レンジの上限(または下限)と中心値の差を 3 で割ったもの

として求められます.このようにして求められた期待収益率 μ の事前分布が表 4.2 の第 4 列にまとめられています.

4.3 期待収益率の事後分布と将来の収益率の予測分布

4.3.1 単一年度の収益率データがある場合

まず,前年度の収益率の実績値だけがデータとして与えられている場合における,期待収益率の事後分布と将来の収益率の予測分布を導出しましょう.読

者の皆さんの中には，ファンドの運用実績が過去 1 年分だけというのはデータが少なすぎて問題ではないのか，と思う人もいるかもしれません．しかし，ベイズ分析を行うためにはデータは 1 つあれば十分です．もちろんデータの数が多いに越したことはありませんが，データの数が 1 個でも 100 万個でも分析の手順は全く同じです．これがベイズ的アプローチの大きな利点です．

まず期待収益率の事後分布を導出しましょう．ここでもベイズの定理が活躍します．前年度の収益率を x_1 としましょう．(4.1) 式の $p(x|\mu)$ に $x = x_1$ を代入すると，$p(x_1|\mu)$ は μ の尤度になります．続いてベイズの定理

$$p(\mu|x_1) = \frac{p(x_1|\mu)p(\mu)}{\int_{-\infty}^{\infty} p(x_1|\mu)p(\mu)d\mu} \tag{4.5}$$

を使うと，μ の事後分布は

$$\begin{aligned}
p(\mu|x_1) &\propto p(x_1|\mu)p(\mu) \\
&\propto \frac{1}{\sqrt{2\pi\sigma^2}} \exp\left[-\frac{(x_1-\mu)^2}{2\sigma^2}\right] \times \frac{1}{\sqrt{2\pi\tau_0^2}} \exp\left[-\frac{(\mu-\mu_0)^2}{2\tau_0^2}\right] \\
&\propto \exp\left[-\frac{\sigma^{-2}(x_1-\mu)^2 + \tau_0^{-2}(\mu-\mu_0)^2}{2}\right]
\end{aligned} \tag{4.6}$$

となります．$\left(1/\sqrt{2\pi\sigma^2}\right)\left(1/\sqrt{2\pi\tau_0^2}\right)$ の部分はベイズの定理 (4.5) で分子と分母の両方に入っているため相殺されて消えてしまいます．したがって比例記号 $\propto$ の中では無視できます．さらに (4.6) 式右辺の指数関数内の分数の分子を整理すると

$$\begin{aligned}
&\sigma^{-2}(x_1-\mu)^2 + \tau_0^{-2}(\mu-\mu_0)^2 \\
&= (\sigma^{-2}+\tau_0^{-2})\mu^2 - 2(\sigma^{-2}x_1+\tau_0^{-2}\mu_0)\mu + \sigma^{-2}x_1^2 + \tau_0^{-2}\mu_0^2 \\
&= (\sigma^{-2}+\tau_0^{-2})\left(\mu - \frac{\sigma^{-2}x_1+\tau_0^{-2}\mu_0}{\sigma^{-2}+\tau_0^{-2}}\right)^2 + \frac{(x_1-\mu_0)^2}{\sigma^2+\tau_0^2} \\
&= \frac{(\mu-\mu_1)^2}{\tau_1^2} + \frac{(x_1-\mu_0)^2}{\sigma^2+\tau_0^2} \\
&\mu_1 = \frac{\sigma^{-2}x_1+\tau_0^{-2}\mu_0}{\sigma^{-2}+\tau_0^{-2}}, \quad \tau_1^2 = \frac{1}{\sigma^{-2}+\tau_0^{-2}}
\end{aligned} \tag{4.7}$$

となります．この展開は平方完成 (completion of the square) と呼ばれ，

4.3 期待収益率の事後分布と将来の収益率の予測分布

正規分布のベイズ分析における数式展開で頻繁に現れます．(4.7) 式を (4.6) 式に代入すると，μ の事後分布は

$$p(\mu|x_1) \propto \exp\left[-\frac{(\mu-\mu_1)^2}{2\tau_1^2} - \frac{(x_1-\mu_0)^2}{2(\sigma^2+\tau_0^2)}\right] \propto \exp\left[-\frac{(\mu-\mu_1)^2}{2\tau_1^2}\right] \quad (4.8)$$

となります．(4.7) 式の右辺第 2 項は μ に依存していない定数なので，(4.8) 式の中では無視できます．正規分布 $\mathcal{N}(\mu, \sigma^2)$ の基準化定数が $\sqrt{2\pi\sigma^2}$ であることを使うと

$$\int_{-\infty}^{\infty} \exp\left[-\frac{(\mu-\mu_1)^2}{2\tau_1^2}\right] d\mu = \sqrt{2\pi\tau_1^2}$$

となります．したがって，(4.8) 式を確率密度関数の形にすると

$$p(\mu|x_1) = \frac{1}{\sqrt{2\pi\tau_1^2}} \exp\left[-\frac{(\mu-\mu_1)^2}{2\tau_1^2}\right] \quad (4.9)$$

つまり，正規分布 $\mathcal{N}(\mu_1, \tau_1^2)$ の確率密度関数となります．

次に将来の収益率 $\tilde{x}$ の予測分布を導出しましょう．ここでは前年度の収益率 x_1 と将来の収益率 $\tilde{x}$ は互いに独立であると仮定しているので，予測分布は

$$\begin{aligned}
p(\tilde{x}|x_1) &= \int_{-\infty}^{\infty} p(\tilde{x}|\mu) p(\mu|x_1) d\mu \\
&= \int_{-\infty}^{\infty} \frac{1}{\sqrt{2\pi\sigma^2}} \exp\left[-\frac{(\tilde{x}-\mu)^2}{2\sigma^2}\right] \frac{1}{\sqrt{2\pi\tau_1^2}} \exp\left[-\frac{(\mu-\mu_1)^2}{2\tau_1^2}\right] d\mu \\
&= \int_{-\infty}^{\infty} \frac{1}{2\pi\sigma\tau_1} \exp\left[-\frac{\sigma^{-2}(\tilde{x}-\mu)^2 + \tau_1^{-2}(\mu-\mu_1)^2}{2}\right] d\mu \quad (4.10)
\end{aligned}$$

で与えられます．(4.7) 式と全く同じ要領で (4.10) 式右辺の指数関数内の分数の分子を平方完成で整理すると，

$$\begin{aligned}
&\sigma^{-2}(\tilde{x}-\mu)^2 + \tau_1^{-2}(\mu-\mu_1)^2 \\
&= (\sigma^{-2}+\tau_1^{-2})\left(\mu - \frac{\sigma^{-2}\tilde{x}+\tau_1^{-2}\mu_1}{\sigma^{-2}+\tau_1^{-2}}\right)^2 + \frac{(\tilde{x}-\mu_1)^2}{\sigma^2+\tau_1^2}
\end{aligned} \quad (4.11)$$

となります．(4.11) 式を (4.10) 式に代入すると，

$$p(\tilde{x}|x_1) = \int_{-\infty}^{\infty} \frac{1}{2\pi\sigma\tau_1} \exp\left[-\frac{\sigma^{-2}+\tau_1^{-2}}{2}\left(\mu - \frac{\sigma^{-2}\tilde{x}+\tau_1^{-2}\mu_1}{\sigma^{-2}+\tau_1^{-2}}\right)^2\right.$$
$$\left. -\frac{(\tilde{x}-\mu_1)^2}{2(\sigma^2+\tau_1^2)}\right]d\mu$$
$$= \frac{1}{2\pi\sigma\tau_1} \exp\left[-\frac{(\tilde{x}-\mu_1)^2}{2(\sigma^2+\tau_1^2)}\right]$$
$$\times \int_{-\infty}^{\infty} \exp\left[-\frac{\sigma^{-2}+\tau_1^{-2}}{2}\left(\mu - \frac{\sigma^{-2}\tilde{x}+\tau_1^{-2}\mu_1}{\sigma^{-2}+\tau_1^{-2}}\right)^2\right]d\mu$$
(4.12)

が得られます. (4.12) 式の積分の中は正規分布

$$\mathcal{N}\left(\frac{\sigma^{-2}\tilde{x}+\tau_1^{-2}\mu_1}{\sigma^{-2}+\tau_1^{-2}}, \frac{1}{\sigma^{-2}+\tau_1^{-2}}\right)$$

のカーネルになっています. この正規分布の基準化定数が $\sqrt{2\pi/(\sigma^{-2}+\tau_1^{-2})}$ であることを使うと, (4.12) 式の予測分布は

$$p(\tilde{x}|x_1) = \frac{1}{2\pi\sigma\tau_1} \exp\left[-\frac{(\tilde{x}-\mu_1)^2}{2(\sigma^2+\tau_1^2)}\right] \times \sqrt{\frac{2\pi}{\sigma^{-2}+\tau_1^{-2}}}$$
$$= \frac{1}{\sqrt{2\pi(\sigma^2+\tau_1^2)}} \exp\left[-\frac{(\tilde{x}-\mu_1)^2}{2(\sigma^2+\tau_1^2)}\right] \quad (4.13)$$

と整理されます. (4.13) 式は $\mathcal{N}(\mu_1, \sigma^2+\tau_1^2)$ の確率密度関数です. 将来の収益率 $\tilde{x}$ の予測分布 (4.13) の平均は, 期待収益率 μ の事後分布 (4.9) の平均と同じ μ_1 です. しかし, $\tilde{x}$ の予測分布 (4.13) の分散は, 収益率の分散 σ^2 と期待収益率 μ の事後分布 (4.9) の分散 τ_1^2 の和になっています. これは将来の収益率の不確実性が収益率そのものの不確実性 σ^2 と期待収益率の不確実性 τ_1^2 に分解されることを意味します.

4.3.2 複数年度の収益率データがある場合

上では前年度の収益率のみがデータとして与えられている場合の期待収益率の事後分布と将来の収益率の予測分布を考えました. しかし, 資産運用は1回限りのものではありません. 毎年ファンドで資金を運用するたびに運用実績が

新しいデータとして観測されます．そして，新しいデータを踏まえて次の投資戦略を練ることになるのです．ここではファンドの運用実績が毎年観測されるたびに最適な投資配分を見直す方法を説明します．

まず，資産運用を始めて 1 年後にファンドで運用した結果がわかったとしましょう．これは新しい収益率の実現値 x_2 が観測されたことを意味します．すでに観測されていた収益率 x_1 に基づく (4.9) 式の事後分布 $\mathcal{N}(\mu_1, \tau_1^2)$ があるので，これを次の事前分布として使いましょう．事後分布 $\mathcal{N}(\mu_1, \tau_1^2)$ を導出した手順をそのまま適用すると，新しい事後分布は

$$p(\mu|x_1, x_2) = \frac{1}{\sqrt{2\pi\tau_2^2}} \exp\left[-\frac{(\mu - \mu_2)^2}{2\tau_2^2}\right] \quad (4.14)$$

$$\mu_2 = \frac{\sigma^{-2} x_2 + \tau_1^{-2} \mu_1}{\sigma^{-2} + \tau_1^{-2}} = \frac{\sigma^{-2}(x_1 + x_2) + \tau_0^{-2} \mu_0}{2\sigma^{-2} + \tau_0^{-2}}$$

$$\tau_2^2 = \frac{1}{\sigma^{-2} + \tau_1^{-2}} = \frac{1}{2\sigma^{-2} + \tau_0^{-2}}$$

と導出されます．さらに次年度における収益率 $\tilde{x}$ の予測分布も x_1 だけに基づく予測分布 (4.13) の導出手順を適用して

$$p(\tilde{x}|x_1, x_2) = \frac{1}{\sqrt{2\pi(\sigma^2 + \tau_2^2)}} \exp\left[-\frac{(\tilde{x} - \mu_2)^2}{2(\sigma^2 + \tau_2^2)}\right] \quad (4.15)$$

と求まります．以上を毎年新しい収益率が $x_3, x_4, x_5, \ldots$ と観測されるたびに繰り返していくと，n 年分の収益率のデータ $D = (x_1, \ldots, x_n)$ が手に入った場合の事後分布 $p(\mu|D)$ と予測分布 $p(\tilde{x}|D)$ は以下のようになります．

$$\mu|x_1, \ldots, x_n \sim \mathcal{N}(\mu_n, \tau_n^2) \quad (4.16)$$

$$\tilde{x}|x_1, \ldots, x_n \sim \mathcal{N}(\mu_n, \sigma^2 + \tau_n^2) \quad (4.17)$$

$$\mu_n = \frac{\sigma^{-2} x_n + \tau_{n-1}^{-2} \mu_{n-1}}{\sigma^{-2} + \tau_{n-1}^{-2}} = \frac{\sigma^{-2} \sum_{i=1}^n x_i + \tau_0^{-2} \mu_0}{n\sigma^{-2} + \tau_0^{-2}}$$

$$\tau_n^2 = \frac{1}{\sigma^{-2} + \tau_{n-1}^{-2}} = \frac{1}{n\sigma^{-2} + \tau_0^{-2}}$$

(4.16), (4.17) 式は，$n-1$ 年分のデータ $(x_1, \ldots, x_{n-1})$ に基づく事後分布

$\mathcal{N}(\mu_{n-1}, \tau_{n-1}^2)$ を事前分布として使い，新たに x_n が観測されたときの期待収益率の事後分布と将来の収益率の予測分布を求めることで導出されています．

前章におけるベルヌーイ試行に場合と同じく，ファンドの収益率データが逐次入手されるのではなく，過去 n 年分の収益率データを一括して入手し利用する状況を考えても事後分布と予測分布は同じになります．これを以下で示しましょう．ファンドの各年度の収益率が互いに独立に同じ正規分布 $\mathcal{N}(\mu, \sigma^2)$ に従うことから，n 年分の収益率データ $D = (x_1, \ldots, x_n)$ の同時確率密度関数は

$$p(D|\mu) = p(x_1, \ldots, x_n|\mu) = p(x_1|\mu) \times \ldots \times p(x_n|\mu)$$
$$= \prod_{i=1}^{n} \frac{1}{\sqrt{2\pi\sigma^2}} \exp\left[-\frac{(x_i - \mu)^2}{2\sigma^2}\right]$$
$$= (2\pi\sigma^2)^{-n/2} \exp\left[-\frac{\sum_{i=1}^{n}(x_i - \mu)^2}{2\sigma^2}\right] \tag{4.18}$$

であることがわかります．ここではすでにデータ $D = (x_1, \ldots, x_n)$ が入手された状況を考えているので，(4.18) 式は未知のパラメータである期待収益率 μ の尤度になっています．$\bar{x} = (1/n)\sum_{i=1}^{n} x_i$ と定義して (4.18) 式右辺の指数関数内の $\sum_{i=1}^{n}(x_i - \mu)^2$ を整理すると

$$\sum_{i=1}^{n}(x_i - \mu)^2 = \sum_{i=1}^{n}(x_i - \bar{x} + \bar{x} - \mu)^2$$
$$= \sum_{i=1}^{n}\left\{(x_i - \bar{x})^2 + 2(\bar{x} - \mu)(x_i - \bar{x}) + (\bar{x} - \mu)^2\right\}$$
$$= \sum_{i=1}^{n}(x_i - \bar{x})^2 + 2(\bar{x} - \mu)\sum_{i=1}^{n}(x_i - \bar{x}) + n(\bar{x} - \mu)^2$$
$$= \sum_{i=1}^{n}(x_i - \bar{x})^2 + n(\mu - \bar{x})^2$$

となるので，(4.18) 式の尤度は

$$p(D|\mu) = (2\pi\sigma^2)^{-n/2} \exp\left[-\frac{\sum_{i=1}^{n}(x_i - \bar{x})^2 + n(\mu - \bar{x})^2}{2\sigma^2}\right]$$
$$\propto \exp\left[-\frac{n(\mu - \bar{x})^2}{2\sigma^2}\right] \tag{4.19}$$

と書き直されます．(4.19) 式で $(2\pi\sigma^2)^{-n/2}\exp\left[-\{\sum_{i=1}^{n}(x_i-\bar{x})^2\}/2\sigma^2\right]$ は μ に依存していないため，μ の事後分布を求めるときには消えてしまいます．そのため "∝" の右辺で無視しても問題はありません．最後にベイズの定理と (4.7) 式の平方完成を援用すると，期待収益率 μ の事後分布は

$$p(\mu|D) \propto p(D|\mu)p(\mu)$$
$$\propto \exp\left[-\frac{n(\mu-\bar{x})^2}{2\sigma^2}\right] \times \frac{1}{\sqrt{2\pi\tau_0^2}}\exp\left[-\frac{(\mu-\mu_0)^2}{2\tau_0^2}\right]$$
$$\propto \exp\left[\frac{(\mu-\mu_n)^2}{\tau_n^2} + \frac{(\bar{x}-\mu_0)^2}{\sigma^2/n+\tau_0^2}\right] \propto \exp\left[-\frac{(\mu-\mu_n)^2}{2\tau_n^2}\right] \quad (4.20)$$

と求まります．当然のことですが，(4.16) 式は (4.20) 式の事後分布のカーネルになっています．

数式の展開ばかりでは退屈ですから，表 4.1 の収益率データを使って，期待収益率 μ の事後分布と将来の収益率 $\tilde{x}$ の予測分布を求めてみましょう．期待収益率の事前分布として，表 4.2 の X, Y, Z 各氏の予想に基づく事前分布を使います．収益率の標準偏差 σ には各年度末のインプライド・ボラティリティを使ってもよいのですが，ここではデータの蓄積の効果をみるため $\sigma=0.2$ に固定します．以上の事前情報の設定の下で，2000 年度の収益率を x_1，2001 年度の収益率を x_2 などとし，毎年新しい収益率の実現値が観測されるたびに期待収益率の事後分布 $p(\mu|D)$ と将来の収益率の予測分布 $p(\tilde{x}|D)$ をそれぞれ (4.16)，(4.17) 式で更新することにします．それらは表 4.3 にまとめられています．μ_n は期待収益率の事後分布の平均であり，将来の収益率の予測分布の平均でもあ

表 **4.3** 期待収益率の事後分布と将来の収益率の予測分布(%)

年　度	2000	2001	2002	2003	2004	2005
x_n	4.59	4.36	2.07	8.67	16.78	17.48
μ_n	X 氏の予想 $\mathcal{N}(0.3,(0.1)^2)$					
	24.92	21.49	18.72	17.46	17.39	17.39
	Y 氏の予想 $\mathcal{N}(0.0,(0.1)^2)$					
	0.92	1.49	1.57	2.46	4.05	5.40
	Z 氏の予想 $\mathcal{N}(-0.3,(0.1)^2)$					
	-23.08	-18.51	-15.57	-12.54	-9.28	-6.60
τ_n	8.94	8.16	7.56	7.07	6.67	6.32
$\sqrt{\sigma^2+\tau_n^2}$	21.91	21.60	21.38	21.21	21.08	20.98

ります.期待収益率の事後分布は正規分布 $\mathcal{N}(\mu_n, \tau_n^2)$ でしたから,μ_n は事後分布の中央値でもありモードでもあります.よって,μ_n は 2 乗誤差損失,絶対誤差損失,0-1 損失を用いた場合の期待収益率 μ の点推定となっています.表 4.2 の事前分布では,分散が三氏で同じ $\tau_0^2 = 0.01$ でした.このため三氏の予想に基づく事後分布の分散 τ_n^2 と予測分布の分散 $\sigma^2 + \tau_n^2$ は共通です.

また,事前分布,事後分布,尤度のグラフが図 4.2〜4.4 にまとめられています.図 4.2 は X 氏の楽観的な予想に基づく分布,図 4.3 は Y 氏の中立的な予想に基づく分布,図 4.4 は Z 氏の悲観的な予想に基づく分布です.各図で破線は事前分布 $\mathcal{N}(\mu_0, \tau_0^2)$,実線は事後分布 $\mathcal{N}(\mu_n, \tau_n^2)$ の確率密度関数のグラフです.本来であれば,比較のために尤度 $p(D|\mu)$ を事前分布や事後分布と同じパネルに描きたいところですが,尤度は事前分布や事後分布と縦軸のスケールが異なるため同じ枠にきれいに収まってくれません.そこで尤度の代わりに正規分布 $\mathcal{N}\left(\bar{x}, \sigma^2/n\right)$ の確率密度関数のグラフを点線で描くことにしました.なぜ $\mathcal{N}\left(\bar{x}, \sigma^2/n\right)$ で代用できるかというと,(4.19) 式で示されるように尤度 $p(D|\mu)$

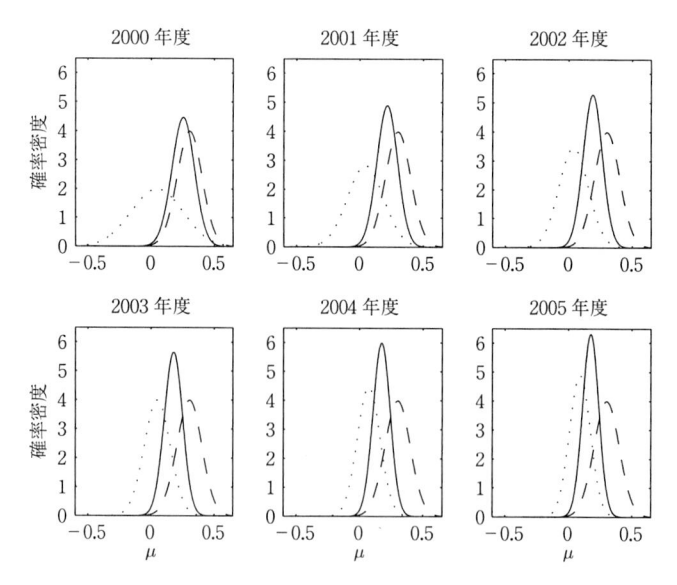

図 4.2 期待収益率の事後分布の変遷(X 氏の楽観的な予想)
破線:事前分布,実線:事後分布,点線:尤度.

4.3 期待収益率の事後分布と将来の収益率の予測分布

は $\mathcal{N}(\bar{x}, \sigma^2/n)$ のカーネルに比例しているため，$\mathcal{N}(\bar{x}, \sigma^2/n)$ のグラフを尤度のグラフの代わりに使っても縦軸のスケールが異なるだけでグラフの形状そのものは変化しないからです．したがって，以下では点線で描かれた $\mathcal{N}(\bar{x}, \sigma^2/n)$ のグラフを尤度として扱っていきます．

最初に X 氏の楽観的な予想に基づく期待収益率の事後分布と将来の収益率の予測分布を考察しましょう．図 4.2 の事前分布（破線）は X 氏の楽観的な予想に基づいているので，分布の平均は 30% とかなり強気です．しかし，表 4.3 の収益率の実績値は 30% をずっと下回っています．この事実を反映して事後分布（実線）が徐々に下方修正されていく様子が図 4.2 からみてとれます．また，尤度（点線）にはデータが蓄積されるにつれて分布の広がりが狭まる傾向がみられます．これはデータの数が増えることでデータがもたらす情報の精度が向上していることを示唆しています．その結果，図 4.2 の事後分布（実線）の広がりもデータの蓄積に伴って狭まっていきます．

以上のことは表 4.3 からも読み取れます．X 氏の予想に基づく期待収益率の事後分布の平均（将来の収益率の予測分布の平均）μ_n は年を経るに従って低下しています．μ_n は 2000 年度には 25% 近かったのですが，徐々に下がって 2005 年度には 17.39% になっています．これも観測された収益率の実績値によって強気の予想の下方修正がなされていることを意味します．また，図 4.2 にみられるデータの蓄積に伴う事後分布（実線）の形状の変化を反映して，表 4.3 では事後分布と予測分布の分散も減少しています．

次に，Y 氏の中立的な予想に基づく期待収益率の事後分布と将来の収益率の予測分布をみてみましょう．図 4.3 の事前分布（破線）は Y 氏の中立的な予想に基づいているので分布の平均は 0% です．この Y 氏の中立的な予想に反して，表 4.3 の収益率の実績値はすべて正の値になっています．そのため，2000 年度には事前分布（破線）と事後分布（実線）はほぼ一致しているのですが，その後は事後分布（実線）が徐々に上方修正されていくことになります．この予想の上方修正は表 4.3 からも読み取れます．2000 年度の事後分布の平均は 0.92% ですが，2005 年度には 5.40% まで上昇しています．

予想の修正がもっと顕著に現れるのが，Z 氏の悲観的な予想に基づいた事後

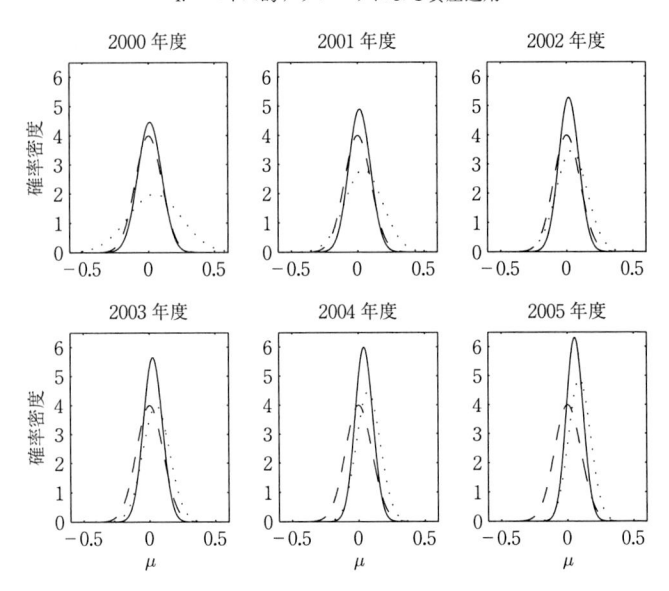

図 4.3 期待収益率の事後分布の変遷(Y 氏の中立的な予想)
破線：事前分布，実線：事後分布，点線：尤度．

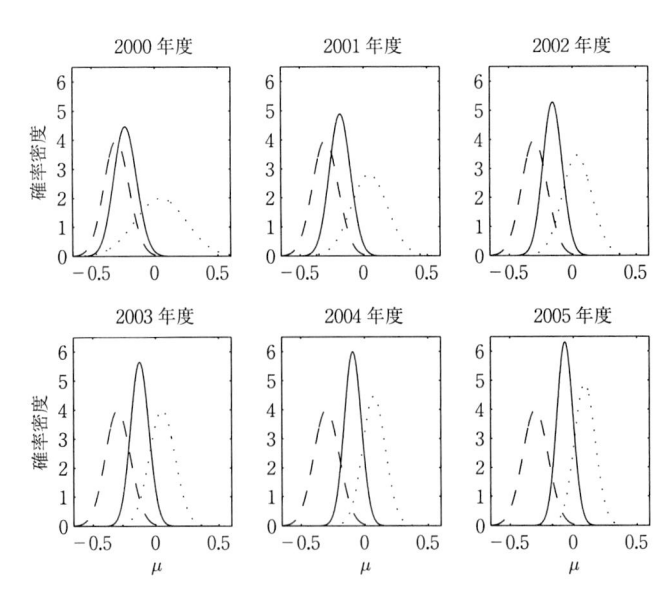

図 4.4 期待収益率の事後分布の変遷（Z 氏の悲観的な予想）
破線：事前分布，実線：事後分布，点線：尤度．

分布と予測分布です．図 4.4 の事前分布（破線）は Z 氏の悲観的な予想に基づいているため，分布の中心が -30% にあります．しかし，2000〜2005 年の収益率の実績値はすべて正ですので，Z 氏の予想が大きくはずれたことになります．このことから事後分布は新しい収益率の実績値が入手されるたびに上方修正が繰り返されていきます．表 4.3 では，2000 年度の事後分布の平均が -23.08% であったのに対し，2005 年度には -6.60% まで上方修正されています．このように，観測された収益率の実績値が予想値と大きく異なったために予想の修正を余儀なくされることは，現実には非常によくあることです．ベイズ的アプローチでは，このような修正をベイズの定理を使って自動的に行うことができます．

4.4 ベイズ的アプローチによる最適ポートフォリオ選択

今までに導出してきた事後分布と予測分布をまとめると表 4.4 のようになります．これらを使ったベイズ的アプローチによる最適な投資配分の決定法を説明しましょう．ファイナンスでは保有資産の構成を**ポートフォリオ (portfolio)** と呼びます．最適な投資配分を決めることは最適な保有資産の構成を選ぶことにほかなりませんから，以下ではベイズ的アプローチによる最適なポートフォリオの選択を考えます．

最適なポートフォリオを選ぶといっても何をもって「最適」なポートフォリオとするかを決めておかないと話が始まりません．資産運用をするにあたってもうかるに越したことはないので，以下ではポートフォリオの最適性をその収益率の高さで測ることにします．それでは最適ポートフォリオ選択の議論の第一歩として，ポートフォリオの収益率の確率分布を導出しましょう．ファンドへの投資配分を a とし，安全資産の収益率（定期預金の金利）を R_f と表記す

表 4.4 収益率に関する分布の一覧

収益率の確率分布	$\mathcal{N}(\mu, \sigma^2)$	(4.1) 式
期待収益率の事前分布	$\mathcal{N}(\mu_0, \tau_0^2)$	(4.3) 式
期待収益率の事後分布	$\mathcal{N}(\mu_n, \tau_n^2)$	(4.16) 式
将来の収益率の予測分布	$\mathcal{N}(\mu_n, \sigma^2 + \tau_n^2)$	(4.17) 式

ると，ポートフォリオの収益率は

$$\text{ポートフォリオの収益率} = R_p = (1-a)R_f + a\tilde{x} \qquad (4.21)$$

と定義されます．すると，ポートフォリオの収益率 (4.21) の期待値（期待収益率）と分散は

$$\text{ポートフォリオの期待収益率} = \mu_p = \mathrm{E}[R_p] = (1-a)R_f + a\mu \quad (4.22)$$
$$\text{ポートフォリオの収益率の分散} = \sigma_p^2 = \mathrm{V}[R_p] = a^2\sigma^2 \qquad (4.23)$$

となります．さらに $\tilde{x}$ が正規分布 $\mathcal{N}(\mu, \sigma^2)$ に従い，(4.21) 式の R_p が $\tilde{x}$ の線形（一次）関数であることから，R_p も正規分布に従うことになります．よって，R_p の分布は (4.22)，(4.23) 式より

$$R_p \sim \mathcal{N}(\mu_p, \sigma_p^2) = \mathcal{N}((1-a)R_f + a\mu, a^2\sigma^2) \qquad (4.24)$$

として与えられます．

　先ほどポートフォリオの収益率 R_p をポートフォリオ選択の基準に使うと述べました．しかし，R_p は (4.24) 式の正規分布に従う確率変数なので，確実に高い収益率を達成できる保証は全くありません．そこで第 3 章で説明した損失関数の期待値（期待損失）を最小にするように意思決定を行うアプローチを採用しましょう．ここでは I さんの損失関数を

$$L(R_p, a) = \exp(-\lambda R_p), \qquad \lambda > 0 \qquad (4.25)$$

と仮定しましょう．(4.25) 式はポートフォリオの収益率 R_p の減少関数ですから，R_p が大きい（小さい）ほど損失関数の値は小さく（大きく）なります．よって，損失関数 (4.25) は，I さんが高い R_p を望んでいることと整合的です．損失関数 (4.25) 内の λ は，R_p が 1 ポイント減少したときの損失がどれだけ増えるかを決める変数です．λ が大きいほど I さんにとって R_p の減少による痛手が大きくなることになります．さらに R_p は，(4.21) 式からもわかるようにファンドへの投資配分 a の関数ですから，損失関数 (4.25) が小さくなるように投資配分 a を決めてやれば，最適なポートフォリオを選択することができま

4.4 ベイズ的アプローチによる最適ポートフォリオ選択

す．しかし，R_p は確率変数なので $L(R_p, a)$ もまた確率変数となり，このままでは最適な投資配分 a をみつけることができません．そこで (4.24) 式のポートフォリオの収益率 R_p の確率分布 $p(R_p|\mu)$ で評価した損失関数 (4.25) の期待値 $\mathrm{E}_{p(R_p|\mu)}[L(R_p, a)]$ （期待損失）を導入します．期待損失は損失関数を変換したものですから，やはり投資配分 a の関数です．しかし，期待値をとっているので確率変数ではありません．そのため期待損失を最小にする a を求めてやることが可能です．このような a を最適な投資配分と定義することにします．

期待損失 $\mathrm{E}_{p(R_p|\mu)}[L(R_p, a)]$ は，

$$\begin{aligned}
\mathrm{E}_{p(R_p|\mu)}[L(R_p, a)] &= \int_{-\infty}^{\infty} \exp(-\lambda R_p) \frac{1}{\sqrt{2\pi\sigma_p^2}} \exp\left[-\frac{(R_p - \mu_p)^2}{2\sigma_p^2}\right] dR_p \\
&= \frac{1}{\sqrt{2\pi\sigma_p^2}} \int_{-\infty}^{\infty} \exp\left[-\frac{(R_p - \mu_p)^2 + 2\lambda\sigma_p^2 R_p}{2\sigma_p^2}\right] dR_p
\end{aligned}$$
(4.26)

です．(4.26) 式右辺の指数関数内を平方完成で整理すると，

$$\begin{aligned}
-\frac{(R_p - \mu_p)^2 + 2\lambda\sigma_p^2 R_p}{2\sigma_p^2} &= -\frac{R_p^2 - 2(\mu_p - \lambda\sigma_p^2)R_p + \mu_p^2}{2\sigma_p^2} \\
&= -\frac{(R_p - \mu_p + \lambda\sigma_p^2)^2}{2\sigma_p^2} + \frac{1}{2}\lambda^2\sigma_p^2 - \lambda\mu_p
\end{aligned}$$

となるので，期待損失 (4.26) は

$$\begin{aligned}
\mathrm{E}_{p(R_p|\mu)}[L(R_p, a)] &= \frac{1}{\sqrt{2\pi\sigma_p^2}} \int_{-\infty}^{\infty} \exp\left[-\frac{(R_p - \mu_p + \lambda\sigma_p^2)^2}{2\sigma_p^2}\right] dR_p \\
&\quad \times \exp\left(\frac{1}{2}\lambda^2\sigma_p^2 - \lambda\mu_p\right) \\
&= \exp\left[\lambda\left(\frac{1}{2}\lambda\sigma_p^2 - \mu_p\right)\right]
\end{aligned}$$
(4.27)

という簡単な表現に書き直されます．さらに指数関数 $e^{\lambda x}$ が $\lambda > 0$ のとき x の増加関数になることを使うと，(4.27) 式の期待損失を最小にする a は，

$$\tilde{L}(a) = \frac{1}{2}\lambda\sigma_p^2 - \mu_p \tag{4.28}$$

を最小にする a と同じになります.厳密性には欠けますが,以下では便宜上 (4.28) 式の $\tilde{L}(a)$ も期待損失と呼ぶことにします.

話を先に進める前に期待損失 (4.28) の解釈を考えてみましょう.ポートフォリオの期待収益率 μ_p は,ファンドに a だけ配分することで平均してどれくらいの収益率が期待できるかを示しています.一方,ポートフォリオの収益率の分散 σ_p^2 はポートフォリオの収益率 R_p の期待収益率 μ_p からの乖離が平均してどれくらいになるかを示す尺度の一種です.言い換えると,期待収益率 μ_p を資産運用の収益性の尺度,分散 σ_p^2 を資産運用の不安定性の尺度と解釈できます.(4.28) 式の期待損失 $\tilde{L}(a)$ では,μ_p が増えると $\tilde{L}(a)$ の値が減り,σ_p^2 が増えると $\tilde{L}(a)$ の値が増えます.つまり,Iさんが $\tilde{L}(a)$ に基づいて資産運用を行うということは,Iさんが高い μ_p(高い収益性)を追求する一方で高い σ_p^2(低い安定性)は避けたがっているということを意味します.

読者の皆さんの中には μ_p を増やして σ_p^2 を減らしてやればいくらでも望ましいポートフォリオを構成できると考える人もいるかもしれませんが,そうは問屋が卸しません.(4.22), (4.23) 式で与えられる μ_p と σ_p^2 の定義が

$$\mu_p = (1-a)R_f + a\mu, \qquad \sigma_p^2 = a^2\sigma^2$$

であることを思い出しましょう.$\mu > R_f$ と仮定すると,μ_p を増やすためにはファンドへの投資配分 a を高くしなければいけません.しかし,これでは σ_p^2 が同時に高くなってしまいます.逆に a を低くして σ_p^2 を減らそうとすると,今度は μ_p が低くなってしまいます.つまり,収益性と安定性は互いにトレードオフの関係にあり,両者を同時に追求することはできないのです.結局のところ最適なポートフォリオの選択においては,収益性と安定性のバランスを考えつつ,期待損失 $\tilde{L}(a)$ をできる限り小さくする a を求めることになります.そして,この収益性と安定性のバランスを決めるうえで重要な役割を果たしてるのが (4.28) 式の λ です.λ が大きいほど安定性が重要になり,小さいほど収益性が重要になります.これは,λ がもとの損失関数 (4.25) においてポートフォリオの収益率 R_p の減少に対するIさんの「痛みの感じ方」を決める値であったことからすると,当然の結果といえるでしょう.

それでは (4.28) 式の期待損失 $\tilde{L}(a)$ を最小にする投資配分 a の公式を導出し

ましょう．まず (4.28) 式を a の関数の形に書き直しましょう．(4.22), (4.23) 式を使うと，(4.28) 式は

$$\tilde{L}(a) = \frac{1}{2}\lambda a^2 \sigma^2 - a(\mu - R_f) - R_f \tag{4.29}$$

となります．(4.29) 式の右辺第 3 項は，投資配分 a に依存しない定数なので最適な投資配分に影響を与えません．したがって，(4.28) 式の期待損失を最小にする投資配分 a^* を最適な投資配分と表記すると，a^* は

$$\min_a \frac{1}{2}\lambda a^2 \sigma^2 - a(\mu - R_f) \tag{4.30}$$

という最小化問題の解として与えられます．最小化問題 (4.30) の目的関数は a の二次関数ですから，

$$\frac{1}{2}\lambda a^2 \sigma^2 - a(\mu - R_f) = \frac{1}{2}\lambda \sigma^2 \left(a^2 - 2\frac{\mu - R_f}{\lambda \sigma^2}a\right)$$
$$= \frac{1}{2}\lambda \sigma^2 \left(a - \frac{\mu - R_f}{\lambda \sigma^2}\right)^2 - \frac{(\mu - R_f)^2}{2\lambda \sigma^2}$$

と書き直すことができます．すると，最小化問題 (4.30) の解 a^* は

$$a^* = \frac{\mu - R_f}{\lambda \sigma^2} \tag{4.31}$$

であることがわかります．

期待損失 (4.28) を最小化するように投資配分を決定する資産運用法は，ファイナンスにおいて**平均分散アプローチ (mean-variance approach)** と呼ばれています．なお，最適投資配分 (4.31) の導出において特定の損失関数 (4.25) を使いましたが，ファンドの収益率が正規分布に従うという仮定の下では，(4.25) 以外の損失関数でも平均分散アプローチで決定した (4.31) 式の a^* が最適投資配分になる場合があります．本書はファイナンスの教科書ではないので詳細な説明は省きますが，損失関数 $L(R_p, a)$ がリスクを避けたいという投資家（I さん）の好みを反映したものであれば，期待損失最小化問題

$$\min_a \mathrm{E}_{p(R_p|\mu)}[L(R_p, a)] \tag{4.32}$$

の解と平均分散アプローチによる最適投資配分が一致することが知られていま

す．さらにファンドの収益率が正規分布以外のある種の分布（例えば t 分布）に従う場合でも，期待損失最小化問題 (4.32) の解が平均分散アプローチで求められることが知られています．このような理由のほかに，計算の容易さや解釈の明瞭さなども手伝って，提案から半世紀以上経過した今日においても平均分散アプローチは実務においてポピュラーな手法であり続けています．

一見，(4.31) 式の投資配分を使えば，(4.29) 式で測った資産運用の収益性と安定性のバランスを最適にするという意味で最も望ましい資産運用ができそうにみえます．しかし，(4.31) 式は未知である期待収益率 μ に依存しているため，そのままではポートフォリオ選択に使えません．前章では，企業の破綻がベルヌーイ試行であると仮定して求めた破綻の予測分布を使って，銀行の融資の意思決定を説明しました．ここでも同じ発想で最適なポートフォリオ選択を行いましょう．

最適ポートフォリオ選択のための期待損失 (4.28) は，ポートフォリオの収益率 R_p の分布として正規分布 (4.24) を想定し，損失関数 (4.25) の期待値を求めて導出されたものです．しかし，R_p の分布 (4.24) が未知のパラメータであるファンドの期待収益率 μ に依存しているため，(4.31) 式の最適投資配分 a^* も μ に依存してしまいました．そこで，ポートフォリオの収益率 R_p の分布として (4.24) 式の代わりに R_p の予測分布 $p(R_p|D)$ を使うことにします．$p(R_p|D)$ は，ファンドの将来の収益率 $\tilde{x}$ の予測分布 $p(\tilde{x}|D)$ が $\mathcal{N}(\mu_n, \sigma^2 + \tau_n^2)$ であることと R_p が $\tilde{x}$ の線形関数であることから，

$$R_p|D \sim \mathcal{N}((1-a)R_f + a\mu_n, a^2(\sigma^2 + \tau_n^2)) \tag{4.33}$$

と導出されます．(4.33) 式の予測分布も正規分布ですから，これで損失関数 (4.25) の期待値を求めると，μ_p と σ_p^2 の代わりに予測分布 (4.33) の平均と分散を使うことを除いて，(4.27) 式と全く同じ形になります．したがって，(4.28) 式の期待損失 $\tilde{L}(a)$ の μ_p と σ_p^2 に予測分布 (4.33) の平均と分散を代入すると，

$$\tilde{L}(a) = \frac{1}{2}\lambda a^2(\sigma^2 + \tau_n^2) - a(\mu_n - R_f) - R_f \tag{4.34}$$

として予測分布で評価した期待損失 $\tilde{L}(a)$ が導出されます．よって，ベイズ的アプローチによる最適投資配分は，最小化問題

4.4 ベイズ的アプローチによる最適ポートフォリオ選択

$$\min_a \frac{1}{2}\lambda a^2(\sigma^2+\tau_n^2)-a(\mu_n-R_f) \qquad (4.35)$$

の解となります. (4.31) 式を求めたのと同じ方法で, 最小化問題 (4.35) の解 a^* は

$$a^*=\frac{\mu_n-R_f}{\lambda(\sigma^2+\tau_n^2)} \qquad (4.36)$$

と求まります.

(4.36) 式では, ファンドの予想収益率 (予測分布の平均) μ_n と定期預金の利率 R_f の差が大きいほど最適なファンドへの投資配分 a^* が大きくなります. つまり, 投資家 (I さん) が将来ファンドが定期預金よりも高い収益率を達成できると予想していれば, ファンドへの投資を増やすことになります. これはきわめて常識的な資産運用のあり方といえます. 一方, 将来の収益率の不安定性 (予測分布の分散) $\sigma^2+\tau_n^2$ が大きいほど最適投資配分 a^* は小さくなります. これも投資家の判断としては当たり前のことでしょう. 最後に λ の影響をみてみましょう. (4.36) 式では, λ が大きいほどファンドへの最適投資配分 a^* が小さくなります. λ は資産運用の安定性をどれだけ重視するかを決定する値でしたから, 安定性を望むほど危険資産であるファンドへの投資を避けるということになります. これもまた当然の結果です.

それでは具体的にベイズ的アプローチでの資産運用の手順を実践してみましょう. 表 4.1 の定期預金金利を安全資産の収益率 R_f に使います. 平均分散アプローチでのファンドへの最適投資配分 a^* は (4.36) 式で与えられています. これを表 4.3 に示されている μ_n と $\sigma^2+\tau_n^2$ を使い $\lambda=10$ とおいて計算したものが表 4.5 にまとめられています. X 氏の楽観的な予想に基づく最適なファンドへの投資配分は 40〜50%程度です. X 氏の予想はかなり強気でしたから, 積極的にファンドに投資するのが最適であるという結論になります. これに対し Y 氏の中立的な予想に基づくファンドへの投資配分は, 2005 年度を除いて 1 桁に

表 4.5 平均分散アプローチによるファンドへの最適投資配分 (%)

年 度	2000	2001	2002	2003	2004	2005
X 氏	51.56	45.92	40.07	38.71	39.03	39.37
Y 氏	1.56	3.07	2.57	5.38	9.03	12.10
Z 氏	−48.44	−39.79	−34.93	−27.95	−20.97	−15.17

とどまっています．Y氏の予想はX氏ほど強気ではないので，危険資産であるファンドへの投資は手控えて，手堅く定期預金中心に運用するのが最適なポートフォリオになります．それでも2005年度にはa^*は10%を超えています．これは，日経平均が2004年度，2005年度と続けて2桁の上昇を続けたため，少し積極的にファンドに投資した方が得策であるという結論になったと解釈できるでしょう．最後のZ氏の悲観的な予想に基づく最適投資配分はすべて負の値になっています．これはファンドを空売りして得た資金をすべて定期預金口座に入れておくことを意味します．ETFは信用取引が可能なので，このような運用法もできます．Z氏の弱気な予想に基づいているため，安全第一で定期預金を中心に運用し，ファンドは空売りしておくという運用法が最適であるという極端な結論に至ります．しかし，予想は弱気でも実際の株式市場の方は好調なので，空売りの程度は年を経るに従って小さくなっていることが表4.5から読み取れます．以上みてきたのはきわめて単純な資産運用の数値例ですが，この例を通してベイズ的アプローチにおける資産運用では，①専門家（投資家）の主観的な相場観，②過去の運用実績，という2つの情報を融合して最適なポートフォリオを選択していることが感じてもらえたと思います．

4.5 ま　と　め

本章では，ベイズ的アプローチで安全資産（定期預金）と危険資産（株価指数連動型ファンド）に手持ちの資金を振り分けて運用する方法を説明しました．ベイズ的アプローチによる最適な投資配分の決定手順は次のようにまとめられます．

1) ファンドの収益率の確率分布に正規分布を仮定し，未知のパラメータである期待収益率の事前分布を専門家の意見を参考にして設定する．
2) この事前分布と過去の収益率のデータから期待収益率の事後分布を導出する．
3) 期待収益率の事後分布を使ってファンドの収益率の予測分布を求める．
4) ファンドの収益率の予測分布で損失関数の期待値を評価し，それが最小になるように投資配分を決定する．

本章ではファンドの収益率に正規分布を仮定し，ボラティリティは既知であるとしているため，期待収益率の事前分布に正規分布を設定すると期待収益率の事後分布も将来の収益率の予測分布も正規分布になります．そして，この場合の最適なポートフォリオの決定が，ポートフォリオの収益性と安定性の最適な組合わせを選ぶことに帰着されることを示しました．本章の資産運用の例はきわめて単純なものですが，

1) 投資対象となる危険資産の数を増やす．
2) 危険資産の収益率の確率分布に正規分布以外のものを使う．
3) 変動するボラティリティなどの時系列構造を想定する．
4) 異なる損失関数でポートフォリオの望ましさを測る．

などして，もっと現実的な状況へ拡張することも可能です．

キーワード：危険資産，安全資産，ポートフォリオ，正規分布，期待収益率，ボラティリティ，インプライド・ボラティリティ，平均分散アプローチ

練 習 問 題

1. 本章では毎年同じボラティリティの値を分析に使用しました．しかし，ボラティリティに使っているインプライド・ボラティリティは日々変化するものです．そこで，各年度で異なるボラティリティの値を使うことにしましょう．収益率の実現値 x_i ($i=1,\ldots,n$) に対応するボラティリティの値を σ_i とおきます．

    a) 尤度 $p(D|\mu)$ を示しましょう．
    b) μ の事前分布 $p(\mu)$ に $\mathcal{N}(\mu_0, \tau_0^2)$ を使った場合の μ の事後分布 $p(\mu|D)$ を導出しましょう．
    c) b)で求めた μ の事後分布 $p(\mu|D)$ を使い，将来の収益率 $\tilde{x}$ のボラティリティ $\tilde{\sigma}$ がわかっていると仮定して予測分布 $p(\tilde{x}|D)$ を導出しましょう．

2. 株式の個別銘柄の収益率を説明するモデルとして，

銘柄の超過収益率 $= \alpha + \beta \times$ 日経平均の超過収益率 $+$ 誤差項 (4.37)

がよく使われます．超過収益率は危険資産の収益率から安全資産の収益率を差し引いたものです．(4.37) 式は**単因子モデル (single-factor model)** の一種です．第 i 期 $(i = 1, \ldots, n)$ の銘柄の超過収益率を y_i，日経平均の超過収益率の実現値を x_i，誤差項を ϵ_i とすると，(4.37) 式は

$$y_i = \alpha + \beta x_i + \epsilon_i \tag{4.38}$$

となります．これは統計学で**単回帰モデル (simple regression model)** と呼ばれます．$(\epsilon_1, \ldots, \epsilon_n)$ は互いに独立に同じ正規分布 $\mathcal{N}(0, \sigma^2)$ に従うと仮定します．さらに $\bar{x} = (1/n) \sum_{i=1}^{n} x_i = 0$ と仮定します．これはもとの x_i から標本平均 $\bar{x}$ を差し引いたものを新たに x_i と定義し直せば，どんなデータに対しても成り立たせることができます．最後に σ^2 は既知であるとしましょう．

a) α と β の最小 2 乗推定量を $\hat{\alpha}$ および $\hat{\beta}$ と表記しましょう．このとき

$$\sum_{i=1}^{n}(y_i - \alpha - \beta x_i)^2 = n(\alpha - \hat{\alpha})^2 + \sum_{i=1}^{n} x_i^2 (\beta - \hat{\beta})^2$$
$$+ \sum_{i=1}^{n}(y_i - \hat{\alpha} - \hat{\beta} x_i)^2$$

となることを証明しましょう．

b) 尤度 $p(D|\alpha, \beta)$ を示しましょう．

c) α の事前分布に $\mathcal{N}(\mu_\alpha, \tau_\alpha^2)$ を使って α の事後分布 $p(\alpha|D)$ を導出しましょう．

d) β の事前分布に $\mathcal{N}(\mu_\beta, \tau_\beta^2)$ を使って β の事後分布 $p(\beta|D)$ を導出しましょう．

e) c)，d) で求めた事後分布を使って，将来の日経平均の超過収益率 $\tilde{x}$ が与えられたときの将来の超過収益率 $\tilde{y}$ の予測分布 $p(\tilde{y}|\tilde{x}, D)$ を導出しましょう．

f) 日経平均の超過収益率が

$$x_i \sim \text{i.i.d.} \, \mathcal{N}(\mu_x, \sigma_x^2)$$

であり，x_i と (4.38) 式の ϵ_i は互いに独立であると仮定します．話を簡単にするために σ_x^2 は既知であるとしましょう．μ_x の事前分布を $\mathcal{N}(m_x, \tau_x^2)$ すると，すでに本章で導出したように将来の日経平均の超過収益率 $\tilde{x}$ の予測分布 $p(\tilde{x}|D)$ は

$$\tilde{x}|D \sim \mathcal{N}\left(\hat{\mu}_x, \hat{\sigma}_x^2\right), \quad \hat{\mu}_x = \frac{\tau_x^{-2} m_x}{n\sigma_x^{-2} + \tau_x^{-2}}, \quad \hat{\sigma}_x^2 = \sigma_x^2 + \frac{1}{n\sigma_x^{-2} + \tau_x^{-2}}$$

と求まります．(ここでは $(x_1, \ldots, x_n)$ の標本平均は 0 であるとしています．) $p(\tilde{x}|D)$ を使って将来の超過収益率 $\tilde{y}$ の予測分布 $p(\tilde{y}|D)$ の平均と分散を導出しましょう．

5

ベイズ分析とマルコフ連鎖モンテカルロ法

ここまで何とか本書を読み進めてこられた読者の皆さんは，本文中にいやというほど積分記号 "$\int$" を目にしてきたはずです．そもそもベイズ分析では未知のパラメータ θ のデータ D が与えられたときの事後分布 $p(\theta|D)$ をベイズの定理

$$p(\theta|D) = \frac{p(D|\theta)p(\theta)}{\int_{-\infty}^{\infty} p(D|\theta)p(\theta)d\theta} \tag{5.1}$$

で求めるため，尤度 $p(D|\theta)$ と事前分布 $p(\theta)$ の積の積分 $\int_{-\infty}^{\infty} p(D|\theta)p(\theta)d\theta$ を評価しない限り事後分布 $p(\theta|D)$ が求まらないことになります．(5.1) 式右辺の分母の基準化定数以外にも，ベイズ分析の様々な局面で積分は現れます．パラメータ θ の点推定では事後分布の平均 $\mathrm{E}_{p(\theta|D)}[\theta]$ や中央値 $\mathrm{Median}_{p(\theta|D)}[\theta]$ が使われます．これらの定義

$$\mathrm{E}_{p(\theta|D)}[\theta] = \int_{-\infty}^{\infty} \theta p(\theta|D)d\theta, \quad \int_{-\infty}^{\mathrm{Median}_{p(\theta|D)}[\theta]} p(\theta|D)d\theta = \frac{1}{2}$$

には積分が入っているため，これらが積分記号を含まない数式の形で与えられる場合を除いて，コンピュータを使って数値的に積分を計算する必要があります．また，θ の区間推定でも積分が出てきます．例えば，$100(1-\alpha)\%$ 信用区間 $[a_\alpha, b_\alpha]$ は

$$\int_{-\infty}^{a_\alpha} p(\theta|D)d\theta = \int_{b_\alpha}^{\infty} p(\theta|D)d\theta = \frac{\alpha}{2}$$

として定義されるので，積分の計算が不可欠です．仮説検定で仮説 $H_i : \theta \in S_i$ を検証するためには事後確率

$$\mathrm{Pr}_{p(\theta|D)}\{\theta \in S_i\} = \int_{S_i} p(\theta|D)d\theta$$

が必要です．ここでも積分が出てきます．さらに予測分布

$$p(\tilde{x}|D) = \int_{-\infty}^{\infty} p(\tilde{x}|\theta)p(\theta|D)d\theta$$

を求めるときにも積分を計算しなければなりません．

このように，ベイズ分析に必要な関数や値を求めるには必ずといってよいほど積分を評価しなければなりません．前章までに説明したベルヌーイ試行や正規分布のように，これらが積分記号を含まない数式で与えられる場合もあります．しかし，そのような例ばかりではありません．前章でファンドの収益率に正規分布 $\mathcal{N}(\mu, \sigma^2)$ を仮定して，平均分散アプローチによる最適ポートフォリオ選択の説明をしました．そのときは正規分布の標準偏差 σ をインプライド・ボラティリティなどで代用することで既知のものとして扱いましたが，現実の応用では期待収益率 μ と同様に分散 σ^2 を未知のパラメータとして推定する場合もあります．このとき μ と σ^2 の事後分布の確率密度関数は積分記号を含まない形に表現できなくなります．そのため μ と σ^2 の事後分布の平均や分散も解析的に求められません．さらに将来の収益率の予測分布 $\tilde{x}$ も積分記号を含まない数式として表現されません（これに関しては5.5節で詳しく説明します）．この例に限らず標準的な設定を離れて少し複雑なモデルをベイズ分析しようとすると，解析的に事後分布や予測分布を評価することは不可能になります．そのためベイズ分析ではコンピュータを使って数値的に積分を評価する数値積分の手法が欠かせないのです．

ベイズ分析を進めるうえで利用可能な数値積分の手法には様々なものがありますが，本書ではマルコフ連鎖モンテカルロ法 (Markov chain Monte Carlo method)，略してMCMC法に絞って話をしたいと思います．MCMC法は，マルコフ連鎖の性質を利用して任意の確率分布から乱数を生成する方法であるマルコフ連鎖サンプリング法を応用したモンテカルロ法です．MCMC法は近年のベイズ分析の隆盛を支える画期的な計算手法ですが，その起源は1950年代に核物理学の分野で開発された乱数を利用したシュミレーション技法にあります．これが1980年代にベイズ分析に応用可能であることが知られるようになり，以後爆発的にベイズ分析の研究者の間で普及し始めました．そして，今日ではベイズ分析における標準的計算手法としての地位を確立しています．MCMC

法が普及した理由には,

1) MCMC 法の発想はきわめて単純でコンピュータ上で簡単に実行できること
2) 従来の手法では扱えなかった広範囲の複雑なモデルに対しても適用できる拡張性を MCMC 法が備えていること
3) 古典的統計学の手法ではうまく扱えないが, MCMC 法によるベイズ分析であれば扱えるモデルがあること

などがあげられます.

本章では, まず 5.1 節で MCMC 法の原型である通常のモンテカルロ法を説明し, 5.2 節でモンテカルロ法を実行するうえで必要不可欠である乱数の生成法を紹介します. 続く 5.3 節で MCMC 法の理論的基礎であるマルコフ連鎖の説明を行います. そして, 5.4 節ではマルコフ連鎖サンプリング法によって未知のパラメータの事後分布から乱数を生成する手順を解説し, 5.5 節以降でマルコフ連鎖サンプリング法の代表例である①ギブズ・サンプラー, ②データ拡大法, ③メトロポリス–ヘイスティングズ・アルゴリズムの解説を具体的な応用例を交えながら行います.

5.1 モンテカルロ法

統計学を学んだことがある人は**大数の法則 (law of large numbers)** という言葉をどこかで聞いたことがあると思います. 代表的な大数の法則に標本平均に関するものがあります. ここで互いに独立で同じ分布に従う n 個の確率変数 $X_1, \ldots, X_n$ を考えましょう. 各確率変数の平均 $E[X_i] = \mu$ が存在すると仮定します. そして, n 個の確率変数の標本平均を

$$\bar{X}_n = \frac{1}{n} \sum_{i=1}^{n} X_i \tag{5.2}$$

と定義します. (5.2) 式の標本平均 $\bar{X}_n$ に関する大数の法則とは,「標本の大きさ n を無限大にしていくと $\bar{X}_n$ が μ に確率 1 で収束する」という法則です.

数学的な証明は抜きにして大数の法則の意味が一目でわかるグラフを描いて

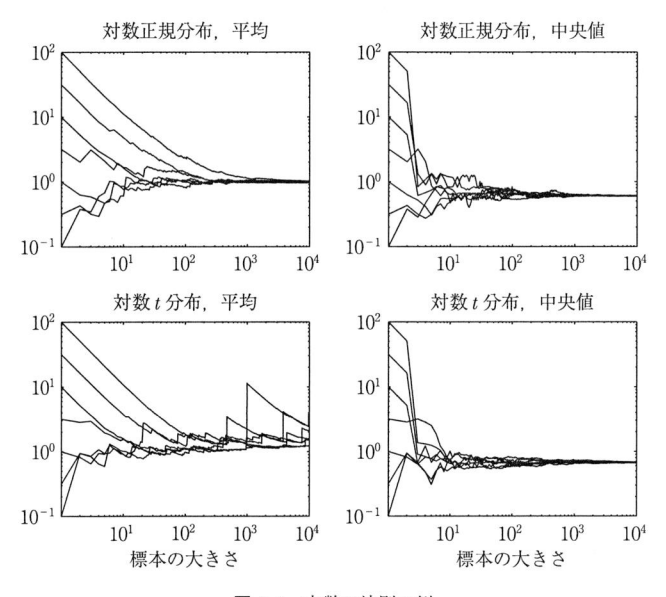

図 5.1 大数の法則の例

みました.それが図 5.1 です.図 5.1 の上段左のグラフは対数正規分布に従う確率変数の標本平均の系列を 7 本図示したものです.これらの系列は,正規分布 $\mathcal{N}(0,1)$ から 10,000 個の互いに独立な乱数系列 $\{Z_1, \ldots, Z_{10,000}\}$ を生成し,標本の大きさを $n=1$ から $n=10,000$ まで 1 つずつ増やしながら標本平均

$$\bar{X}_n = \frac{1}{n} \sum_{i=1}^{n} \exp\left(Z_i - \frac{1}{2}\right) \tag{5.3}$$

を計算して求められたものです.$\exp(Z_i - 1/2)$ は対数正規分布(自然対数をとると正規分布になる確率分布)と呼ばれる分布に従い,その平均は 1 です.したがって,実際に求めれらた (5.3) の系列が 1 にすべて収束しているならば,大数の法則が成り立っていることになります.もちろん,ここでは大数の法則を証明することを目指しているのではなく,大数の法則が正しいときに標本平均 (5.3) の系列がどのような挙動を示すかをみるのが目的です.図をみやすくするために X_1 は乱数ではなく $(10^{-1}, 10^{-0.5}, 10^0, 10^{0.5}, 10^1, 10^{1.5}, 10^2)$ の 7 通りの値に設定しています.明らかに 7 本すべてが 1 に収束していく様子が図 5.1 の上段左のグラフからわかると思います.これは大数の法則が成り立っ

ているからです.

　大数の法則は平均だけに適用されるものではありません. 図 5.1 の上段右のグラフでは，対数正規分布の中央値に関する大数の法則の結果が示されています. このグラフは図 5.1 の上段左のグラフを作成するときに使った乱数系列 $\{Z_1, \ldots, Z_{10,000}\}$ をそのまま流用し，標本の大きさを $n=1$ から $n=10,000$ まで 1 つずつ増やしながら，$\{\exp(Z_1 - 1/2), \ldots, \exp(Z_n - 1/2)\}$ から計算された標本中央値の系列を図示したものです. ここでも図をみやすくするために，X_1 の値は図 5.1 の上段左と同じ 7 通りのものを使っています. 図 5.1 の上段右でも標本の大きさを増やしていけば分布の中央値（この場合は約 0.6065）へ収束していくことが確認できます.

　しかし，大数の法則はいつも成り立つわけではありません. 特に収束先である μ が存在しない場合には，そもそも大数の法則が成り立つはずもないのは自明です. これをグラフでみてみましょう. 図 5.1 の下段左は対数 t 分布に従う確率変数の標本平均の系列を図示したものです. この場合では自由度 5 の t 分布から互いに独立な乱数系列 $\{T_1, \ldots, T_{10,000}\}$ を生成し，標本の大きさを $n=1$ から $n=10,000$ まで 1 つずつ増やしながら，標本平均

$$\bar{X}_n = \frac{1}{n} \sum_{i=1}^{n} \exp\left(\sqrt{\frac{3}{5}} T_i - \frac{1}{2}\right) \tag{5.4}$$

を計算しています. $\exp\left(\sqrt{3/5}T_i - 1/2\right)$ は対数 t 分布（自然対数をとると t 分布になる確率分布）に従います. $\sqrt{3/5}$ を T_i にかけているのは，分散を $\mathcal{N}(0,1)$ とそろえるためです. 自由度 5 の t 分布の分散が $5/3$ なので，分散の逆数の平方根 $\sqrt{3/5}$ をかけると分散は 1 に等しくなります. 図 5.1 の下段左では各系列が何らかの値に収束しているようにはみえません. それもそのはずです. 対数 t 分布には平均が存在しないからです.

　対数 t 分布では平均に関する大数の法則が成り立ちませんでしたが，中央値はすべての確率分布に存在するので，対数 t 分布でも中央値に関する大数の法則は成り立ちます. これは図 5.1 の下段右のグラフに示されています. この図の作り方は，$\exp(Z_i - 1/2)$ の代わりに $\exp\left(\sqrt{3/5}T_i - 1/2\right)$ を使っていることを除いて，図 5.1 の上段右と全く同じです. 図 5.1 の下段右では，7 本の標本

中央値の系列が中央値（約 0.6788）に収束していく様子が確認できます．

この大数の法則を利用して積分を数値的に求める手法が**モンテカルロ法 (Monte Carlo method)** です．まず平均に関する大数の法則を活用するモンテカルロ法を説明しましょう．実はベイズ分析で使われる事後分布の平均と分散，事後確率，予測分布などは，事後分布 $p(\theta|D)$ で評価した θ のある関数 $f(\theta)$ の期待値

$$\mathrm{E}_{p(\theta|D)}[f(\theta)] = \int_{-\infty}^{\infty} f(\theta)p(\theta|D)d\theta \tag{5.5}$$

の形をしています．事後分布の平均，事後分布の分散，事後確率，予測分布を求めるための関数 $f(\theta)$ は，

① 事後分布の平均 $\mathrm{E}_{p(\theta|D)}[\theta]$: $f(\theta) = \theta$
② 事後分布の分散 $\mathrm{V}_{p(\theta|D)}[\theta]$: $f(\theta) = (\theta - \mathrm{E}_{p(\theta|D)}[\theta])^2$
③ 事後確率 $\mathrm{Pr}_{p(\theta|D)}\{a \leq \theta \leq b\}$: $f(\theta) = \mathbf{1}_{[a,b]}(\theta)$
④ 予測分布 $p(x|D)$: $f(\theta) = p(x|\theta)$

です．(5.5) 式の期待値を求めるには積分を計算しなければなりません．ここで大数の法則を使います．まず θ の R 個の乱数 $\{\theta^{(1)}, \theta^{(2)}, \ldots, \theta^{(R)}\}$ を事後分布 $p(\theta|D)$ から互いに独立に生成します．これを**モンテカルロ標本 (Monte Carlo sample)** と呼びましょう．次に，生成したモンテカルロ標本から関数 $f(\theta)$ の値 $\{f(\theta^{(1)}), f(\theta^{(2)}), \ldots, f(\theta^{(R)})\}$ を計算します．これにより確率変数 $f(\theta)$ の R 個の実現値を生成したことになります．この $f(\theta)$ の R 個の実現値の標本平均

$$\hat{f} = \frac{1}{R}\sum_{r=1}^{R} f(\theta^{(r)}) \tag{5.6}$$

を考えると，大数の法則が成り立つ場合には $R \to \infty$ で $\hat{f}$ は $\mathrm{E}_{p(\theta|D)}[f(\theta)]$ に確率 1 で収束します．当然のことですが，計算時間の制約のためモンテカルロ標本の大きさ R を無限大にすることはできません．しかし，図 5.1 からもわかるように，R を十分に大きくしてやれば，(5.6) 式の $\hat{f}$ は $\mathrm{E}_{p(\theta|D)}[f(\theta)]$ の近似値として実用に耐えられるものになります．この発想に基づいて積分の数値計算を行うのがモンテカルロ法です．以下では (5.6) 式のようなモンテカルロ法

で計算した近似値を**モンテカルロ近似 (Monte Carlo approximation)** と呼びましょう．

先にあげた事後分布の平均との分散，事後確率および予測分布のモンテカルロ近似は，

① 事後分布の平均: $\hat{\mathrm{E}}_{p(\theta|D)}[\theta] = (1/R) \sum_{r=1}^{R} \theta^{(r)}$
② 事後分布の分散: $\hat{\mathrm{V}}_{p(\theta|D)}[\theta] = (1/R) \sum_{r=1}^{R} (\theta^{(r)} - \hat{\mathrm{E}}_{p(\theta|D)}[\theta])^2$
③ 事後確率: $\widehat{\mathrm{Pr}}_{p(\theta|D)}\{a \leq \theta \leq b\} = (1/R) \sum_{r=1}^{R} \mathbf{1}_{[a,b]}(\theta^{(r)})$
④ 予測分布: $\hat{p}(x|D) = (1/R) \sum_{r=1}^{R} p(x|\theta^{(r)})$

です．事後分布の平均と分散のモンテカルロ近似は，モンテカルロ標本の標本平均と標本分散です．事後確率のモンテカルロ近似は，単にモンテカルロ標本で区間 $[a,b]$ 内に収まった値の割合を計算しているだけです．予測分布のモンテカルロ近似では，おのおのの将来の実現値の候補 x に対して $\{p(x|\theta^{(1)}), p(x|\theta^{(2)}), \ldots, p(x|\theta^{(R)})\}$ を計算し，その標本平均を求めていることになります．この作業を複数の候補 $\{x_1, x_2, \ldots, x_m\}$ に対して行い，横軸に $\{x_1, x_2, \ldots, x_m\}$，縦軸に $\{\hat{p}(x_1|D), \hat{p}(x_2|D), \ldots, \hat{p}(x_m|D)\}$ をとることで予測分布のグラフを書くことができます．

さらに前章の最適ポートフォリオ選択のような応用事例では，予測分布の平均と分散が必要になります．これもモンテカルロ法で簡単に求められます．まず予測分布の平均のモンテカルロ近似を説明しましょう．データの確率分布 $p(x|\theta)$ の平均 $\mathrm{E}_{p(x|\theta)}[X]$ が $\mu(\theta)$ という θ の関数の形で与えられているとします．予測分布の平均 $\mathrm{E}_{p(x|D)}[X]$ は，その定義より

$$\begin{aligned}
\mathrm{E}_{p(x|D)}[X] &= \int_{-\infty}^{\infty} x p(x|D) dx = \int_{-\infty}^{\infty} x \int_{-\infty}^{\infty} p(x|\theta) p(\theta|D) d\theta dx \\
&= \int_{-\infty}^{\infty} \left\{ \int_{-\infty}^{\infty} x p(x|\theta) dx \right\} p(\theta|D) d\theta \\
&= \int_{-\infty}^{\infty} \mu(\theta) p(\theta|D) d\theta = \mathrm{E}_{p(\theta|D)}[\mu(\theta)]
\end{aligned} \quad (5.7)$$

となるので，予測分布の平均 $\mathrm{E}_{p(x|D)}[X]$ は，事後分布 $p(\theta|D)$ で評価した $\mu(\theta)$ の期待値に等しくなります．したがって，θ のモンテカルロ標本 $\{\theta^{(1)}, \theta^{(2)}, \ldots, \theta^{(R)}\}$ を事後分布 $p(\theta|D)$ から生成して，

$$\hat{\mathrm{E}}_{p(x|D)}[X] = \frac{1}{R}\sum_{r=1}^{R}\mu(\theta^{(r)}) \tag{5.8}$$

を求めれば，予測分布の平均 $\mathrm{E}_{p(x|D)}[X]$ の近似値が求まります．

次に予測分布の分散のモンテカルロ近似を導出しましょう．データの確率分布 $p(x|\theta)$ の分散も $\sigma^2(\theta)$ という θ の関数として与えられていると仮定します．予測分布の分散 $\mathrm{V}_{p(x|D)}[X]$ は，その定義より

$$\begin{aligned}
&\mathrm{V}_{p(x|D)}[X] \\
&= \int_{-\infty}^{\infty}(x-\mathrm{E}_{p(x|D)}[X])^2 p(x|D)dx \\
&= \int_{-\infty}^{\infty}(x-\mu(\theta)+\mu(\theta)-\mathrm{E}_{p(x|D)}[X])^2 \int_{-\infty}^{\infty} p(x|\theta)p(\theta|D)d\theta dx \\
&= \int_{-\infty}^{\infty}\left\{\int_{-\infty}^{\infty}(x-\mu(\theta))^2 p(x|\theta)dx\right\}p(\theta|D)d\theta \\
&\quad + 2\int_{-\infty}^{\infty}(\mu(\theta)-\mathrm{E}_{p(x|D)}[X])\left\{\int_{-\infty}^{\infty}(x-\mu(\theta))p(x|\theta)dx\right\}p(\theta|D)d\theta \\
&\quad + \int_{-\infty}^{\infty}(\mu(\theta)-\mathrm{E}_{p(x|D)}[X])^2\left\{\int_{-\infty}^{\infty}p(x|\theta)dx\right\}p(\theta|D)d\theta \\
&= \int_{-\infty}^{\infty}\sigma^2(\theta)p(\theta|D)d\theta + \int_{-\infty}^{\infty}(\mu(\theta)-\mathrm{E}_{p(\theta|D)}[\mu(\theta)])^2 p(\theta|D)d\theta \\
&= \mathrm{E}_{p(\theta|D)}[\sigma^2(\theta)] + \mathrm{V}_{p(\theta|D)}[\mu(\theta)] \tag{5.9}
\end{aligned}$$

となります．この導出では (5.7) 式の $\mathrm{E}_{p(x|D)}[X] = \mathrm{E}_{p(\theta|D)}[\mu(\theta)]$ という関係を利用しています．(5.9) 式の右辺第 1, 2 項は，それぞれ事後分布 $p(\theta|D)$ で評価した期待値と分散です．そこで，$p(\theta|D)$ から生成したモンテカルロ標本 $\{\theta^{(1)}, \theta^{(2)}, \ldots, \theta^{(R)}\}$ を使うと，

$$\hat{\mathrm{V}}_{p(x|D)}[X] = \frac{1}{R}\sum_{r=1}^{R}\sigma^2(\theta^{(r)}) + \frac{1}{R}\sum_{r=1}^{R}(\mu(\theta^{(r)})-\hat{\mathrm{E}}_{p(x|D)}[X])^2 \tag{5.10}$$

として予測分布の分散 $\mathrm{V}_{p(x|D)}[X]$ の近似値を計算できます．(5.10) 式の右辺第 1 項は $\{\sigma^2(\theta^{(1)}), \ldots, \sigma^2(\theta^{(R)})\}$ の標本平均で，第 2 項は $\{\mu(\theta^{(1)}), \ldots, \mu(\theta^{(R)})\}$ の標本分散です．

モンテカルロ法は平均や分散といった積率関連の特性値の近似だけでなく，中央値や信用区間のような順序統計量の近似でも使われます．中央値は事後分布の50%点であり，95%信用区間は事後分布の2.5%点と97.5%点の間の区間ですから，事後分布の100α%点をモンテカルロ法で求めることができれば，中央値や信用区間の近似が可能となります．事後分布$p(\theta|D)$から生成したモンテカルロ標本$\{\theta^{(1)}, \ldots, \theta^{(R)}\}$の$100\alpha$%点は，モンテカルロ標本を小さい順に並べ替えたときの下からαR番目（αRの端数は切り捨てる）の値です．これを$\theta^{[\alpha]}$と表記しましょう．すると，中央値$\mathrm{Median}_{p(\theta|D)}[\theta]$の近似値は

$$\widehat{\mathrm{Median}}_{p(\theta|D)}[\theta] = \theta^{[0.5]} \tag{5.11}$$

となります．また，$100(1-\alpha)$% 信用区間の近似は，

$$[\theta^{[\alpha/2]}, \theta^{[1-\alpha/2]}] \tag{5.12}$$

として求められます．さらにHPD区間もモンテカルロ法で近似できます．モンテカルロ標本$\{\theta^{(1)}, \ldots, \theta^{(R)}\}$が与えられると，$100(1-\alpha)$%区間は

$$[\theta^{[r/R]}, \theta^{[1-\alpha+r/R]}], \quad (1 \leq r \leq \alpha R) \tag{5.13}$$

という形で定義されます．つまり，$[\theta^{[1/R]}, \theta^{[1-\alpha+1/R]}]$から$[\theta^{[\alpha]}, \theta^{[1]}]$までの$100(1-\alpha)$%区間を考えることができるわけです．すると，事後分布がモードを1つしか持たない場合に限り，$100(1-\alpha)$% HPD区間は(5.13)式で定義される$100(1-\alpha)$%区間の中で最も区間の長さが短いもので近似されることが知られています．

5.2 乱数生成法

今までのモンテカルロ法の説明では，事後分布$p(\theta|D)$からパラメータθのモンテカルロ標本$\{\theta^{(1)}, \ldots, \theta^{(R)}\}$が与えられると，事後分布の平均や中央値などベイズ分析で用いる様々な値をモンテカルロ法で近似できることを示してきました．しかし，モンテカルロ法を実行するには肝心のモンテカルロ標本$\{\theta^{(1)}, \ldots, \theta^{(R)}\}$が必要です．どのようにして事後分布$p(\theta|D)$から$\theta$の乱数を

生成すべきでしょうか.

乱数の生成法を議論する前に,そもそも乱数とは何かという根源的な問題を考えてみましょう.本書では今までデータが確率変数の実現値であり,その確率変数に特定の確率分布(ベルヌーイ分布や正規分布)を仮定してきました.データ分析においては,現実のデータが従う確率分布のパラメータの値は「神のみぞ知る」ものであり,与えられたデータから未知のパラメータを推測するという状況を考えていました.しかし,モンテカルロ法の実行においては確率分布の関数形もパラメータの値も分析者にとってはすべて既知のものとなります.そして,既知である確率分布からデータを人工的に作るというデータ分析とは全く逆の作業を行うことになります.つまり,乱数の生成とは分析者が「神の視点」に立ち特定の確率分布からの実現値を生成することなのです.

読者の皆さんにとって最も身近な乱数は,サイコロやルーレットのように数字がでたらめに出る簡単な道具を使って生成するものでしょう.通常のサイコロは正六面体ですから1から6までの整数しか出せませんが,正二十面体の各面に0から9までの整数を割り振ったサイコロ(乱数賽)を使うと,任意の桁数の乱数を生成できます.例えば,乱数賽を10回振れば10桁の乱数を生成することができます.コンピュータが普及していなかった過去において乱数賽は活躍しましたが,何十万回,何百万回も手で乱数賽を振って乱数を集めるのは時間と手間がかかりすぎて不可能なので,モンテカルロ法に使うための現実的な方法ではありません.

現在ではコンピュータで乱数を利用してモンテカルロ法のような数値計算を行うのが主流になっています.コンピュータで利用可能な乱数には**物理乱数 (physical random number)** と**擬似乱数 (pseudo-random number)** があります.物理乱数はランダムに起きる物理現象から生成された乱数です.サイコロの目も物理現象ですからサイコロで作る乱数も物理乱数といえなくもありませんが,実際に使われる代表的な物理現象は半導体内部で生じる電子的ノイズです.この電子的ノイズから乱数を生成する装置をコンピュータに接続して乱数を利用することになります.これに対し擬似乱数は名前のとおり本当の意味での乱数ではありません.実際には特定の規則に従って「一見でたらめな数列」を作っているだけです.そのため乱数列に周期性(一定の周期で同じ値が

出てくる）などの規則性が現れるという問題があります．ですから大量の乱数を使用するモンテカルロ法では，できるだけ周期が長く規則性が目立たない乱数を使うべきです（今はメルセンヌ・ツイスタ (Mersenne twister) と呼ばれる擬似乱数生成法が，周期がきわめて長く高速に乱数を生成できる方法として注目されています）．しかし，擬似乱数にも利点があります．物理乱数と違って高価な乱数生成装置を買う必要がありません．擬似乱数では初期値を決めると必ず同じ乱数列を作ることができるので，モンテカルロ法の結果を再現するために生成した乱数をすべて保存しておく必要もありません．さらに擬似乱数は物理乱数よりも高速に乱数を生成できるという利点もあります．乱数のでたらめさが至上命題である暗号化などと違って，モンテカルロ法ではパラメータのとりうる範囲からまんべんなく乱数を生成さえできれば実用的には十分です．手軽に利用できるメルセンヌ・ツイスタのような擬似乱数で十分でしょう．

物理乱数であれ擬似乱数であれ通常生成する乱数は，0と1の間の一様分布に従う乱数（一様乱数）です．なぜ一様乱数が必要なのか，なぜそれだけで十分なのかは，様々な確率分布からの乱数生成法を知るとわかってきます．例えば，標準正規分布 $\mathcal{N}(0,1)$ からの乱数生成法の1つである**ボックス-ミューラー法 (Box-Muller method)** をみてみましょう．

──── ボックス-ミューラー法 ────

ステップ1 互いに独立な0と1の間の一様乱数 U_1 と U_2 を生成する

ステップ2 Z_1 と Z_2 を計算する

$$Z_1 = \sqrt{-2\log U_1}\cos(2\pi U_2), \qquad Z_2 = \sqrt{-2\log U_1}\sin(2\pi U_2)$$

ここでは証明しませんが，以上の手順で生成した Z_1 と Z_2 は，互いに独立な標準正規分布に従うことが知られています．ボックス-ミューラー法の定義から明らかなように，ボックス-ミューラー法から標準正規乱数を生成するには一様乱数を生成できれば十分です．また，標準正規分布 $\mathcal{N}(0,1)$ から乱数 Z を生成できれば，一般の正規分布 $\mathcal{N}(\mu,\sigma^2)$ からの乱数 X は $X = \mu + \sigma Z$ を計算するだけで得られます．

さらに一般の確率分布から乱数を生成する方法の1つである**逆変換法 (in-**

verse transform method) でも一様乱数は活躍します．乱数を生成したい確率分布の累積分布関数を $P(x)$ としましょう．そして，P の逆関数を $x = P^{-1}(u)$ とします．すると，

─── 逆変換法 ───

ステップ1 0と1の間の一様乱数 U を生成する
ステップ2 $X = P^{-1}(U)$ を計算する

によって累積分布関数 $P(x)$ を持つ確率分布から乱数を生成できます．よって，一様乱数が生成できれば逆変換法により様々な確率分布からの乱数生成が可能となります．

逆変換法と並んで広く使われる乱数生成法に**採択棄却法 (acceptance-rejection method)** があります．ここで確率密度関数 $p(x)$ を持つ確率分布から乱数を直接生成することはできないが，確率密度関数 $q(x)$ を持つ別の確率分布からは逆変換法などで乱数を容易に生成できるとしましょう．さらに $p(x)$ と $q(x)$ の間に

1) $p(x) > 0$ ならば $q(x) > 0$ である
2) ある正の値 K に対して $p(x) \leq Kq(x)$ が成り立つ

という関係が成り立つとします．採択棄却法の文脈では $p(x)$ を**目標分布 (target distribution)**，$q(x)$ を**提案分布 (proposal distribution)** と呼びます．以上の設定の下で確率密度関数 $p(x)$ を持つ確率分布から乱数を生成するための採択棄却法は以下のように定義されます．

─── 採択棄却法 ───

ステップ1 $q(x)$ から乱数 X を生成する
ステップ2 0と1の間の一様乱数 U を生成する
ステップ3 $U \leq p(X)/Kq(X)$ ならば X を採択，それ以外はステップ1へ

採択棄却法のすばらしい点は，乱数を生成したい分布（目標分布）から乱数を直接的に生成するのではなく，他の分布（提案分布）から生成した乱数を取捨選択することで間接的に乱数を生成してしまうところです．この間接的に乱数

を生成するという発想が，後で説明するメトロポリス–ヘイスティングズ・アルゴリズムでも出てきます．採択棄却法でもステップ2で一様乱数を使っていますし，ステップ1で提案分布から乱数を生成するところでも必ずといってよいほど一様乱数を使うことになります．一様乱数は乱数生成において必要不可欠なものなのです．

逆変換法や採択棄却法は強力な乱数生成法であり，利用可能であれば積極的に使うべき手法です．しかし，すべての事後分布に対して逆変換法や採択棄却法を適用できるわけでもありません．逆変換法は累積分布関数の逆関数が必要ですが，それが高速に計算できる場合ばかりではありません．さらに逆変換法で高次元の同時確率分布からの乱数生成を試みるのは非現実的です．採択棄却法は目標分布の確率密度関数 $p(x)$ と提案分布の確率密度関数 $q(x)$ の比の上限が存在しなければ利用できませんが，この条件が満たされているような提案分布が都合よくみつかるとは限りません．さらに採択される確率が低いと，1個の乱数を生成するために多くの時間を消費することになります．そこで，もっと強力な乱数生成法が必要になるのです．それが**マルコフ連鎖サンプリング法 (Markov chain sampling method)** です．

本章で説明するマルコフ連鎖モンテカルロ (MCMC) 法とは，マルコフ連鎖サンプリング法で生成した乱数を用いたモンテカルロ法のことです．そして，MCMC法によるベイズ分析では，事後分布 $p(\theta|D)$ からマルコフ連鎖サンプリング法でパラメータのモンテカルロ標本 $\{\theta^{(r)}\}_{r=1}^{R}$ を生成し，前節で説明した要領で事後分布の平均，分散，中央値，百分位点，HPD区間，事後確率，予測分布などをモンテカルロ法で近似し，パラメータの点推定と区間推定，仮説検定，将来の実現値の予測，不確実性の下での意思決定などを行うことになります．

5.3 マルコフ連鎖

5.3.1 マルコフ連鎖の定義と性質

マルコフ連鎖サンプリング法を理解するためには**マルコフ連鎖 (Markov chain)** を理解する必要があります．まずマルコフ連鎖の定義を示しましょう．

5.3 マルコフ連鎖

ここで，確率変数の系列 $\{X_1, X_2, X_3, \dots\} = \{X_n\}_{n=1}^{\infty}$ があるとします．このような確率変数の系列を**確率過程 (stochastic process)** と呼びます．ここで過去の確率過程の実現値 $(x_1, \dots, x_{n-1})$ が与えられた下での X_n の条件付確率密度関数を $p(x_n|x_1, \dots, x_{n-1})$ と表記しましょう．確率過程 $\{X_n\}_{n=1}^{\infty}$ がマルコフ連鎖であるとは，すべての X_n に対して $p(x_n|x_1, \dots, x_{n-1})$ が

$$p(x_n|x_1, \dots, x_{n-1}) = p(x_n|x_{n-1}) \tag{5.14}$$

となることです．(5.14) 式の $p(x_n|x_{n-1})$ は直近の実現値 x_{n-1} が与えられた下での X_n の条件付確率密度関数です．つまり，マルコフ連鎖において X_n の過去の実現値が与えられた下での条件付確率分布は，直近の確率変数の実現値 x_{n-1} が与えられると，それ以前の確率変数の実現値 $(x_1, \dots, x_{n-2})$ には依存しなくなるのです．さらに話を簡単にするために，以下ではマルコフ連鎖で $p(x_n|x_{n-1})$ がすべての X_n で同じ確率分布であると仮定しましょう．

マルコフ連鎖は様々な有用な性質を持っています．$(X_1, \dots, X_n)$ の同時確率密度関数を $p(x_1, \dots, x_n)$ と表記しましょう．$p(x_1, \dots, x_n)$ は一般に

$$p(x_1, \dots, x_n) = p(x_n|x_1, x_2, \dots, x_{n-1}) \dots p(x_2|x_1) p(x_1) \tag{5.15}$$

と条件付確率密度関数の積の形に分解されます．しかし，確率過程がマルコフ連鎖であるときは (5.14) 式の関係が成り立つので，(5.15) 式は

$$p(x_1, \dots, x_n) = p(x_n|x_{n-1}) p(x_{n-1}|x_{n-2}) \dots p(x_2|x_1) p(x_1)$$
$$= p(x_1) \prod_{i=2}^{n} p(x_i|x_{i-1}) \tag{5.16}$$

という簡単な表現になります．ここでは $p(x_n|x_{n-1})$ がすべての n で同じであると仮定しているので，(5.16) 式はマルコフ連鎖の同時確率分布が $p(x_1)$ で与えられる初期分布と $p(x_n|x_{n-1})$ で与えられる条件付分布だけで決定されることを意味します．マルコフ連鎖の分野では $p(x_n|x_{n-1})$ のことを**推移核 (transition kernel)** と呼びます．今後の展開のために，マルコフ連鎖の推移核を

$$Q(x_{n-1}, x_n) = p(x_n|x_{n-1}) \tag{5.17}$$

と表記しましょう．すると (5.16) 式は

$$p(x_1,\ldots,x_n) = p(x_1)\prod_{i=2}^{n} Q(x_{i-1}, x_i) \tag{5.18}$$

と書き直されます．

マルコフ過程では同時確率密度関数が簡単な形になるだけでなく，X_n の周辺確率密度関数 $p(x_n)$ の評価も簡単になります．通常，$p(x_n)$ を $p(x_1,\ldots,x_n)$ から求めるには

$$p(x_n) = \int_{-\infty}^{\infty}\cdots\int_{-\infty}^{\infty}\int_{-\infty}^{\infty} p(x_1,x_2,\ldots,x_{n-1},x_n)dx_1 dx_2\ldots dx_{n-1} \tag{5.19}$$

という多重積分を計算しなければなりません．しかし，マルコフ連鎖では $p(x_1,\ldots,x_n)$ が (5.18) 式の形をしていることを利用すると，

$$p(x_n) = \int_{-\infty}^{\infty} p(x_{n-1})Q(x_{n-1}, x_n)dx_{n-1}, \quad (n=2,3,\ldots) \tag{5.20}$$

という公式によって $p(x_n)$ が $p(x_1)$ から逐次的に計算されます．また，このことはマルコフ連鎖では (5.20) 式を繰り返し適用することで X_n の周辺確率分布 $p(x_n)$ が変動していくことを意味します．そして，この周辺確率分布 $p(x_n)$ の変動は初期分布 $p(x_1)$ と推移核 Q だけに依存して決定されるのです．

さらに確率過程 $\{X_n\}_{n=1}^{\infty}$ がマルコフ連鎖である場合，同時確率分布 $p(x_1,\ldots,x_n)$ から $(X_1,\ldots,X_n)$ の乱数を容易に生成することができます．通常は (5.15) 式の同時確率分布と条件付確率分布の関係を使って，

同時確率分布からの乱数生成――一般の場合

ステップ 1 乱数 $\tilde{x}_1$ を $p(x_1)$ から生成する
ステップ 2 乱数 $\tilde{x}_2$ を $p(x_2|\tilde{x}_1)$ から生成する
⋮
ステップ n 乱数 $\tilde{x}_n$ を $p(x_n|\tilde{x}_1,\ldots,\tilde{x}_{n-1})$ から生成する

と乱数 $(\tilde{x}_1,\ldots,\tilde{x}_n)$ を $p(x_1,\ldots,x_n)$ から生成できます．しかし，この方法が使えるのはすべての X_i の乱数 $\tilde{x}_i$ $(i=1,\ldots,n)$ を条件付分布 $p(x_i|x_1,\ldots,x_{i-1}$

(X_1 の場合は $p(x_1)$) から容易に生成できる場合だけです.条件付分布が正規分布のような乱数生成法が確立されている標準的な分布でなかったり,逆変換法や採択棄却法などの乱数生成法が適用できなかったりすると,この方法は使えません.しかし,確率過程 $\{X_n\}_{n=1}^{\infty}$ がマルコフ連鎖の場合は (5.14) 式が成り立つので,

---
同時確率分布からの乱数生成—マルコフ連鎖の場合

ステップ 1 乱数 $\tilde{x}_1$ を $p(x_1)$ から生成する
ステップ 2 乱数 $\tilde{x}_2$ を $Q(\tilde{x}_1, x_2)$ から生成する
⋮
ステップ n 乱数 $\tilde{x}_n$ を $Q(\tilde{x}_{n-1}, x_n)$ から生成する

となります.したがって,初期分布 $p(x_1)$ と推移核 $Q(x_{n-1}, x_n)$(条件付分布 $p(x_n|x_{n-1})$)から乱数を生成できれば,$p(x_1, \ldots, x_n)$ から $(X_1, \ldots, X_n)$ の乱数を生成することができるのです.さらに $(X_1, \ldots, X_n)$ が $p(x_1, \ldots, x_n)$ からの乱数であるならば,おのおのの $X_i (i = 1, \ldots, n)$ は周辺確率分布 $p(x_i)$ からの乱数とみなせます.つまり,マルコフ連鎖から乱数列 $\{X_i\}_{i=1}^{n}$ を生成することで,(5.20) 式の積分を評価することなく周辺確率分布 $p(x_n)$ から乱数を生成できるのです.後でわかることですが,この性質がマルコフ連鎖サンプリング法で生きてきます.

抽象的な数式だけでは何がマルコフ連鎖なのかイメージしにくいと思いますので,具体的な例を考えてみましょう.マルコフ連鎖の代表例は,時系列分析などで広く使われる AR(1) 過程

$$X_n = \rho X_{n-1} + \epsilon_n, \quad \epsilon_n \sim \text{i.i.d.} \, \mathcal{N}(0, \sigma^2), \quad |\rho| < 1 \tag{5.21}$$

です."i.i.d." は「互いに独立に同じ分布に従う」という意味です.(5.21) 式より,$X_{n-1} = x_{n-1}$ であったときの X_n の条件付分布は $\mathcal{N}(\rho x_{n-1}, \sigma^2)$ ですから,X_n の推移核(条件付確率密度関数)は

$$Q(x_{n-1}, x_n) = \frac{1}{\sqrt{2\pi\sigma^2}} \exp\left[-\frac{(x_n - \rho x_{n-1})^2}{2\sigma^2}\right] \tag{5.22}$$

となります.よって,確率過程 $\{X_n\}_{n=1}^{\infty}$ が AR(1) 過程であるとき $(X_1, \ldots, X_n)$

の同時確率密度関数は,

$$p(x_1,\ldots,x_n) = p(x_1) \prod_{i=2}^{n} Q(x_{i-1}, x_i)$$
$$= p(x_1) \prod_{i=2}^{n} \frac{1}{\sqrt{2\pi\sigma^2}} \exp\left[-\frac{(x_i - \rho x_{i-1})^2}{2\sigma^2}\right]$$

として与えられます.

AR(1) 過程の数値例をみてみましょう. 図 5.2 の上段に $\rho = 0.0$ と $\rho = 0.9$ の AR(1) 過程 $\{X_n\}_{n=1}^{500}$ の時系列プロットが示されています. これらは正規分布に従う擬似乱数を 500 個生成して

$$X_n = \rho X_{n-1} + \epsilon_n, \qquad \epsilon_n \sim \text{i.i.d.}\, \mathcal{N}(0, 1-\rho^2) \tag{5.23}$$

の ϵ_n に代入し次々と X_n を計算して得られたものです. この方法で AR(1) 過程からの乱数列が生成できるのは, 先に説明したように AR(1) 過程がマルコフ連鎖だからです. なお (5.21) 式の代わりに (5.23) 式を使っている理由は, 単にグラフをみやすくするためだけです. AR(1) 過程の分散は

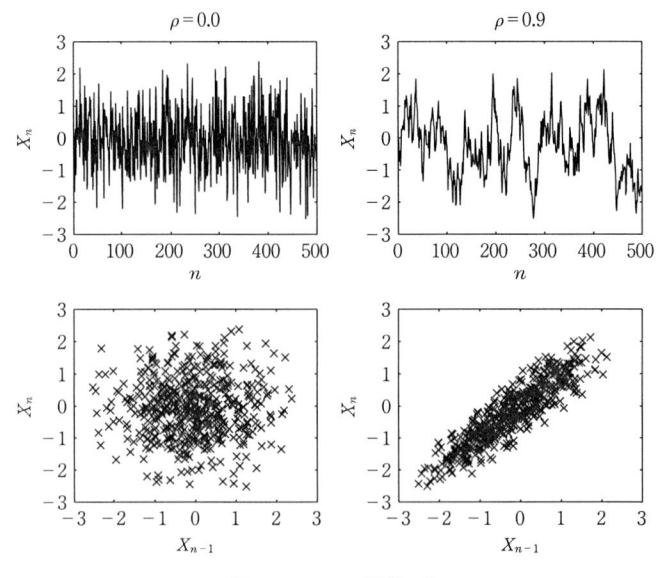

図 5.2 AR(1) 過程の例

$$V[X_n] = \frac{\sigma^2}{1-\rho^2}$$

なので，ρ の絶対値を1に近づけるほど分散が大きくなる傾向があります．しかし，$\sigma^2 = 1 - \rho^2$ とおけば，ρ の値にかかわらず $V[X_n] = 1$ となり，異なる ρ に対しても分布の散らばり具合がそろうのです．$\rho = 0.0$ と比べて $\rho = 0.9$ の方が確率過程の「振れ具合」は小さくみえます．どちらも分散は1なので本来であれば同じように散らばるはずですが，このようにみえるのは $\rho = 0.9$ の方が似た値が続けて出る傾向が強いからです．この傾向を**自己相関 (auto-correlation)** といいます．自己相関をみるために，AR(1) 過程 $\{X_n\}_{n=1}^{500}$ の (X_{n-1}, X_n) のペア $(n = 2, \ldots, 500)$ の散布図を作ってみました．それが図5.2の下段のグラフです．明らかに $\rho = 0.9$ の場合には正の相関（X_{n-1} が大きいときには X_n が大きく，逆に X_{n-1} が小さいときには X_n も小さくなる傾向）がみられます．しかし，$\rho = 0.0$ の場合には明確なパターンがみられません．したがって，$\rho = 0.9$ の方が似た値が続けて出る傾向が強いといえます（時系列分析では，通常 $\rho = 0.0$ の場合の (5.21) 式の確率過程を AR(1) 過程とは呼ばずに**白色雑音過程 (white noise process)** と呼びます）．

5.3.2 マルコフ連鎖の不変分布の定義と性質

次節で詳しく解説するマルコフ連鎖サンプリング法の理論的基礎を与える概念が，マルコフ連鎖の**不変分布 (invariant distribution)**（あるいは**定常分布 (stationary distribution)**）です．マルコフ連鎖の不変分布とは，

$$\bar{p}(\tilde{x}) = \int_{-\infty}^{\infty} \bar{p}(x) Q(x, \tilde{x}) dx \tag{5.24}$$

を満たす確率密度関数 $\bar{p}(x)$ で与えられる確率分布のことです．(5.24) 式より，$\bar{p}(x)$ は推移核 $Q(x, \tilde{x})$ に依存しますが，初期分布の確率密度関数 $p(x_1)$ には依存しないことがわかります．また，ある X_n で (5.24) 式が成り立ってしまうと，それから先に (5.20) 式を何回繰り返しても X_m $(m \geq n)$ の確率分布は $\bar{p}(x)$ で与えられる不変分布のままでいることになります．

例として AR(1) 過程 (5.21) における不変分布を考えてみましょう．結論からいうと，AR(1) 過程 (5.21) の不変分布の確率密度関数は

$$\bar{p}(x) = \sqrt{\frac{1-\rho^2}{2\pi\sigma^2}} \exp\left[-\frac{(1-\rho^2)x^2}{2\sigma^2}\right] \tag{5.25}$$

です．(5.25) 式の $\bar{p}(x)$ が不変分布の条件 (5.24) 式を満たしていることを確認しておきましょう．AR(1) 過程の推移核は (5.22) ですから，

$$\begin{aligned}
\bar{p}(x)Q(x,\tilde{x}) &= \frac{\sqrt{1-\rho^2}}{2\pi\sigma^2} \exp\left[-\frac{(1-\rho^2)x^2 + (\tilde{x}-\rho x)^2}{2\sigma^2}\right] \\
&= \frac{\sqrt{1-\rho^2}}{2\pi\sigma^2} \exp\left[-\frac{\tilde{x}^2 - 2\rho x\tilde{x} + x^2}{2\sigma^2}\right] \\
&= \frac{\sqrt{1-\rho^2}}{2\pi\sigma^2} \exp\left[-\frac{(1-\rho^2)\tilde{x}^2 + (x-\rho\tilde{x})^2}{2\sigma^2}\right] = \bar{p}(\tilde{x})Q(\tilde{x},x)
\end{aligned}$$

となります．よって，

$$\int_{-\infty}^{\infty} \bar{p}(x)Q(x,\tilde{x})dx = \int_{-\infty}^{\infty} \bar{p}(\tilde{x})Q(\tilde{x},x)dx = \bar{p}(\tilde{x})\int Q(\tilde{x},x)dx = \bar{p}(\tilde{x})$$

となり，(5.24) 式を満たしていることがわかります．

マルコフ連鎖の不変分布に関する重要な性質に以下の 3 つがあります．

(1) マルコフ連鎖における不変分布の存在

マルコフ連鎖 $\{X_n\}_{n=1}^{\infty}$ で (5.24) 式を満たす $\bar{p}(x)$ が存在する．

(2) マルコフ連鎖の不変分布への収束

マルコフ連鎖 $\{X_n\}_{n=1}^{\infty}$ で (5.20) 式を無限に繰り返していくと，$p(x_n)$ は (5.24) 式の $\bar{p}(x)$ に収束する．

(3) マルコフ連鎖における大数の法則

マルコフ連鎖に従う標本 $\{X_i\}_{i=1}^{n}$ の標本平均，標本分散，標本中央値などが，n を無限大にしていくと不変分布の平均，分散，中央値などに確率 1 で収束する．

これらの性質が成り立つ条件とその証明は本書の範囲を超えてしまうので省略します．マルコフ連鎖の不変分布に関する性質に興味のある読者の皆さんは，伊庭[2]，大森[3]，大森・和合[4] などを参照してください．しかし，これらの意味はマルコフ連鎖サンプリング法を理解するうえで重要なので説明することにします．第 1 の「不変分布の存在」と第 2 の「不変分布への収束」が成り立つとし

ましょう．このときマルコフ連鎖から生成した乱数列 $\{X_i\}_{i=1}^{n}$ における最後の X_n の周辺分布 $p(x_n)$ は，n が無限大に近づくにつれて不変分布 $\bar{p}(x)$ へ収束することになります．よって，マルコフ連鎖から十分多くの乱数生成を行った後の X_n の分布は不変分布 $\bar{p}(x)$ であるとみなせます．このときの n を n^* と表記しましょう．(5.24) 式より，一度 $\bar{p}(x)$ に収束した後の X_n $(n \geq n^*)$ の周辺分布は，ずっと $\bar{p}(x)$ であり続けます．よって，収束後のマルコフ連鎖からの乱数列 $\{X_n\}_{n=n^*}^{\infty}$ は不変分布 $\bar{p}(x)$ から生成されたものとみなせます．しかし，これらはマルコフ連鎖に従うので，おのおのの X_n $(n = n^*, n^*+1, n^*+2, \ldots)$ は互いに独立ではありません．そのため 5.1 節で紹介した通常の大数の法則は適用できないのです．そこで第 3 の「マルコフ連鎖における大数の法則」が必要となります．

以上の性質を AR(1) 過程において確認しましょう．すでに AR(1) 過程の不変分布は $\mathcal{N}(0, \sigma^2/(1-\rho^2))$ であることを証明していますから，「不変分布への収束」と「不変分布における大数の法則」をみてみることにします．まず「不変分布への収束」は図 5.3 で示されています．図 5.3 は

1) 初期分布 $p(x_1)$ を $[-4, 4]$ 上の一様分布として X_1 を生成する．
2) AR(1) 過程

$$X_n = 0.9 X_{n-1} + \epsilon_n, \qquad \epsilon_n \sim \text{i.i.d.} \, \mathcal{N}(0, 1-(0.9)^2)$$

から $\{X_2, \ldots, X_{21}\}$ を生成する．

という手順を繰り返して生成された 100 万本の AR(1) 過程の乱数列を使って作られています．図 5.3 の実線は，AR(1) 過程の不変分布（この例では標準正規分布）の確率密度関数です．図 5.3 のヒストグラムは，それぞれ上段左 (X_1)，上段右 (X_2)，下段左 (X_6)，下段右 (X_{21}) のものです．つまり，図 5.3 のヒストグラムは，AR(1) 過程からの乱数生成を 1 回，5 回，20 回と繰り返すうちに乱数の分布がどのように不変分布に近づいていくかを示しています．初期分布は一様分布ですから，図 5.3 上段左のヒストグラムは一様分布そのものになります．図 5.3 上段右からわかるように，1 回だけ AR(1) 過程から乱数を出しても乱数の分布は不変分布から程遠いものです．しかし，5 回，20 回と繰り返すと平らだった分布が徐々にとがっていき，不変分布に近づいていく様子がみて

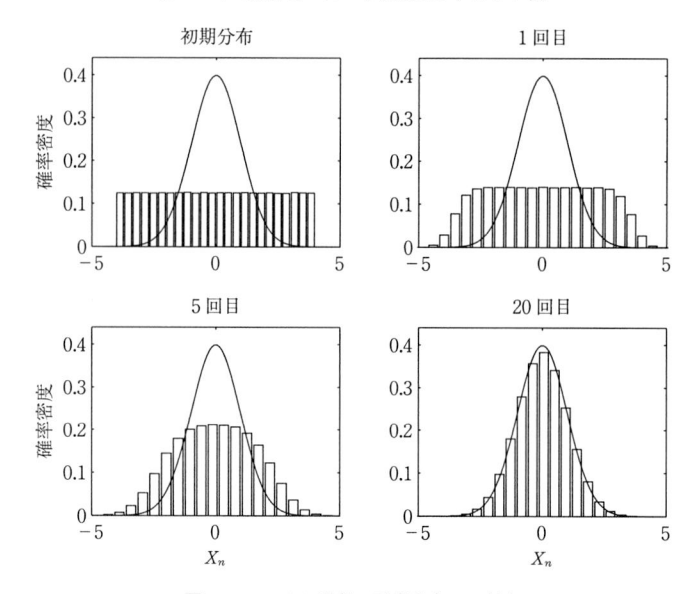

図 5.3　AR(1) 過程の不変分布への収束

とれます．特に 20 回も繰り返した後では，乱数のヒストグラムと不変分布の確率密度関数がほぼ一致しています．よって，AR(1) 過程が不変分布へ収束していることが確認できました．

次に AR(1) 過程で大数の法則が成り立っていることをみてみましょう．図 5.4 では，X_1 を $(-3, -2, -1, 0, 1, 2, 3)$ の 7 通りに設定し，(5.23) 式の AR(1) 過程で ρ が $(0.5, 0.9, 0.99, 0.999)$ である場合の標本平均の収束の様子を図 5.1 と同じ要領で示しています．$\rho = 0.999$ を除いて標本平均に対して大数の法則が成り立っていそうです．$\rho = 0.999$ でも理論上は大数の法則が成り立っています．なぜなら，(5.21) 式の AR(1) 過程では ρ の絶対値が 1 を下回るのが大数の法則が成り立つ条件だからです．しかし，ρ が 1 に近い 0.999 の場合，不変分布の平均 0 への収束の速度が ρ が低い場合と比べて遅いので，ρ が低い場合と同じ近似精度を達成するためには相当多めに乱数を生成する必要があります．マルコフ連鎖から生成した乱数を使うモンテカルロ法では，自己相関が高いほど精度を高めるために多くの乱数を生成しなければならなくなることが知られています．

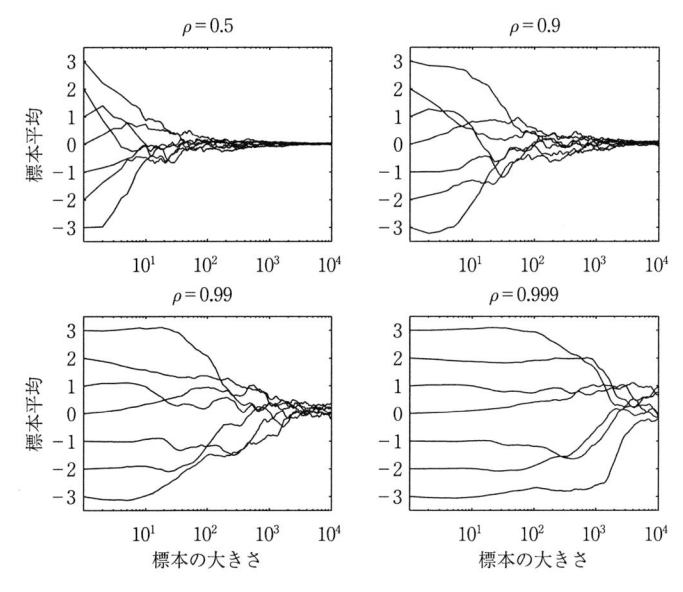

図 5.4　AR(1) 過程での大数の法則

5.4　マルコフ連鎖サンプリング法の基本原理

　今まで読み進めてきた読者の皆さんには，マルコフ連鎖とその不変分布に関する基礎知識を身につけてもらったと思います．これを踏まえて，マルコフ連鎖サンプリング法の説明に移りましょう．5.3.2 節のマルコフ連鎖の不変分布に関する説明から，マルコフ連鎖で不変分布への収束と大数の法則が成り立つのであれば，マルコフ連鎖から乱数を繰り返し生成することで不変分布からモンテカルロ標本を生成でき，そのモンテカルロ標本を使って不変分布の平均，分散，中央値などをモンテカルロ法で計算できることがわかりました．このマルコフ連鎖の性質を利用して，任意の確率分布（ベイズ分析の場合は事後分布）からモンテカルロ標本を生成する方法がマルコフ連鎖サンプリング法です．以下ではマルコフ連鎖サンプリング法の基本原理を説明します．

　例によって未知のパラメータを θ，データ D が与えられた下での θ の事後分布を $p(\theta|D)$ とします．さらに初期分布 $p(\theta^{(1)})$，推移核 Q である θ のマルコフ

連鎖 $\{\theta^{(r)}\}_{r=1}^{\infty}$ を考えます．そして，このマルコフ連鎖は不変分布に関する 3 つの性質（不変分布の存在，不変分布への収束，マルコフ連鎖の大数の法則）をすべて満たしているとします．さらに，このマルコフ連鎖の不変分布が事後分布であると仮定します．つまり

$$p(\tilde{\theta}|D) = \int_{-\infty}^{\infty} p(\theta|D)Q(\theta,\tilde{\theta})d\theta \qquad (5.26)$$

が成り立っているとしましょう．以上の設定の下でマルコフ連鎖からの乱数生成を十分繰り返し，乱数 $\theta^{(r)}$ の分布 $p(\theta^{(r)})$ が事後分布（不変分布）$p(\theta|D)$ に収束したとみなしてもよい回を r^* とします．すると，r^* 回目以降にマルコフ連鎖から生成した $\{\theta^{(r)}\}_{r=r^*+1}^{r^*+R}$ は事後分布 $p(\theta|D)$ から生成したモンテカルロ標本とみなせます．したがって，$\{\theta^{(r)}\}_{r=r^*+1}^{r^*+R}$ を使って 5.1 節で説明した各種のモンテカルロ法を実行することができるのです．これがマルコフ連鎖サンプリング法の基本的発想です．

マルコフ連鎖サンプリング法において，マルコフ連鎖が不変分布に収束したとみなせるまで乱数を生成し続ける作業を**バーンイン (burn-in)** と呼びます．バーンインで生成した乱数はモンテカルロ法の実行には利用せず捨ててしまうので，計算時間の短縮という面ではバーンインを行う回数は少ないに越したことはありません．しかし，少なすぎると不変分布への収束が達成されない危険性があります．どの程度でバーンインを止めればいいのか，という疑問に関する正しい答えは残念ながらありません．理論上はバーンインの回数を増やせば増やすほどマルコフ連鎖は不変分布に収束していくわけですから，バーンインの回数を多くとれば収束の確保という面で安全です．しかし，これでは計算時間がかかりすぎて実用に耐えられなくなります．どこかで妥協するしかありません．どこでバーンインを打ち切るかを判定するための様々な方法が考えられています．多くの打ち切り判定法では，マルコフ連鎖からの乱数列の分布が変化していないという仮説を帰無仮説，変化しているという仮説を対立仮説とした仮説検定を行い，帰無仮説が棄却されなければ不変分布に収束したものとみなす，という手順で打ち切り判定が行われます．いわゆる「構造変化の検定」を乱数列に対して適用しているものと考えて差し支えないでしょう．紙数の制約上，本書では打ち切り判定の方法を詳しく説明しません．大森[3]や大森・和

合[4]) を参照してください．

マルコフ連鎖サンプリング法には大きく分けて多重連鎖法と単一連鎖法があります．多重連鎖法は次の手順でモンテカルロ標本を生成します．

---------- 多重連鎖法 ----------

ステップ 1 マルコフ連鎖から分布が収束するまで乱数 $\theta^{(r)}$ を生成する
ステップ 2 収束したと判定された回 r^* の乱数 $\theta^{(r^*)}$ を保存する
ステップ 3 ステップ 1, 2 を繰り返しモンテカルロ標本を得る

多重連鎖法では，不変分布へ収束した判定された回の乱数 $\theta^{(r^*)}$ を保存し，初期分布から新しい初期乱数 $\theta^{(1)}$ を生成し直してマルコフ連鎖の生成作業を始めます．第 s 回目の初期乱数に対応する $\theta^{(r^*)}$ を $\theta_s^{(r^*)}$ と表記すると，多重連鎖法によるモンテカルロ標本は $\{\theta_s^{(r^*)}\}_{s=1}^R$ となります．毎回独立に初期分布から初期乱数 $\theta_s^{(1)}$ を生成しているので，多重連鎖法で生成した $\{\theta_s^{(r^*)}\}_{s=1}^R$ は i.i.d. である（互いに独立で同じ不変分布に従う）モンテカルロ標本です．

一方，単一連鎖法は次の手順でモンテカルロ標本を生成します．

---------- 単一連鎖法 ----------

ステップ 1 マルコフ連鎖から分布が収束するまで乱数 $\theta^{(r)}$ を生成する
ステップ 2 収束後もマルコフ連鎖から乱数 $\theta^{(r)}\,(r>r^*)$ を生成する
ステップ 3 ステップ 2 を繰り返しモンテカルロ標本を得る

単一連鎖法では，不変分布に収束したと判定された回 r^* から続けて乱数列 $\{\theta^{(r)}\}_{r=r^*+1}^{r^*+R}$ をマルコフ連鎖から生成することになります．同じマルコフ連鎖の乱数列の延長でモンテカルロ標本を生成しているため，$\{\theta^{(r)}\}_{r=r^*+1}^{r^*+R}$ は i.i.d. ではなく自己相関を持ったものになります．しかし，マルコフ連鎖で大数の法則が適用できる場合には自己相関があってもモンテカルロ法が使えます．

多重連鎖法と単一連鎖法には一長一短があります．多重連鎖法では 1 つの乱数を生成するたびにマルコフ連鎖の乱数列をリセットするため，生成する乱数と同じ数だけバーンインを行わなければいけません．多重連鎖法でバーンインのために捨てる乱数の総数は

1回のバーンインで生成する乱数の数 × モンテカルロ標本の大きさ

となります．場合によっては多くの乱数（数千〜数万個）を1回のバーンインのために生成しなければなりませんから，相当数の乱数を捨てるためだけに時間をかけて生成することになります．これに対し，単一連鎖法では1回のバーンインで生成する乱数だけ捨てればよいので，同じ大きさのモンテカルロ標本を生成するために必要な計算時間は多重連鎖法よりも短くなります．それでは単一連鎖法が多重連鎖法よりも優れているのかというとそうでもありません．多重連鎖法を使うと i.i.d. のモンテカルロ標本が得られますが，単一連鎖法では自己相関を持つモンテカルロ標本しか得られません．図5.4からもわかるように，自己相関が強いと i.i.d. の場合と比べて，標本の大きさ R を増やしていってもモンテカルロ法による近似の精度がなかなか向上しないことが知られています．つまり，同じ精度を確保するためには，自己相関が強いモンテカルロ標本は i.i.d. のモンテカルロ標本よりもずっと大きい必要があるのです．当然ですが，大きい標本を生成するには計算時間がかかります．つまり，単一連鎖法を使うと，バーンインにかかる計算時間を短縮できますが，精度を高めるために多くの乱数を必要とする点でモンテカルロ標本の生成のための計算時間が増えるようになるのです．また，単一連鎖法では特定の初期値 $\theta^{(1)}$ から出発した乱数列からモンテカルロ標本を作るため，初期値の選択によってマルコフ連鎖の収束に違いが出るおそれがあります．例として，図3.6の下段の山が2つある分布からの乱数生成を考えてみましょう．もし初期値が右の山の下にあったとすると，マルコフ連鎖の乱数列は右の山の下をうろうろするだけで左の山へは移動しないかもしれません．このような現象が起きるのは，マルコフ連鎖サンプリング法で使うマルコフ連鎖では過去の乱数値と今後の乱数値の間に強い依存関係（特に強い正の自己相関）があることが多いため，前の乱数値が右の山の下のものであれば，次の乱数値もやはり右の山の下にある可能性が高くなるのです（図5.2下段右の散布図をイメージしてもらうと，この依存関係がわかりやすくなると思います）．一方，多重連鎖法では，初期分布として二つ山の分布の下を広くカバーするような分布を設定しておけば，乱数列を出すごとに初期値が右の山の下にあったり左の山の下にあったりすることになります．その

ため右の山からも左の山からも乱数を生成できるようになります．結論として，多重連鎖法と単一連鎖法のどちらが優れているとは一概にはいえません．ただ実際のベイズ分析での応用事例では，バーンインの計算時間の節約の面での優位性から単一連鎖法が使われる傾向がみられます．

以上の話でマルコフ連鎖サンプリング法でマルコフ連鎖の不変分布からモンテカルロ標本が生成できる仕組みを理解できたと思います．しかし，マルコフ連鎖サンプリング法をベイズ分析に使用するためには，マルコフ連鎖の不変分布が事後分布になっていなければなりません．今までは不変分布=事後分布と仮定してきましたが，それがいえるためには (5.26) 式が成り立つ必要があります．そう都合よく (5.26) 式が成り立つ推移核 Q をみつけることができるのでしょうか．実は様々な事後分布に対して (5.26) 式が成り立つような推移核 Q を簡単に作るテクニックがいくつか知られています．その代表的なものが，①ギブズ・サンプラー，②データ拡大法，③M-H アルゴリズムです．これらの代表的なマルコフ連鎖サンプリング法を順次説明していきましょう．

5.5　ギブズ・サンプラー

まずマルコフ連鎖サンプリング法の代表格である**ギブズ・サンプラー (Gibbs sampler)** を説明しましょう．ギブズ・サンプラーの原理を理解するために 2 変数の同時確率分布 $p(\theta_1, \theta_2)$ の場合のギブズ・サンプラーを考えましょう．$p(\theta_1, \theta_2)$ は一般の同時確率分布であって，必ずしも事後分布でなくてもかまわないので，$p(\theta_1, \theta_2|D)$ のようにデータ D への依存を明示的に書くことはしません．(θ_1, θ_2) の乱数を $p(\theta_1, \theta_2)$ から同時に生成することはできませんが，条件付確率分布 $p(\theta_1|\theta_2)$ と $p(\theta_2|\theta_1)$ からは θ_1 と θ_2 を生成することができるとしましょう．このとき 2 変数の同時確率分布に対するギブズ・サンプラーは次のように定義されます．

2変数の同時確率分布におけるギブズ・サンプラー

ステップ1 (θ_1, θ_2) の初期値 $(\theta_1^{(1)}, \theta_2^{(1)})$ を決める
ステップ2 $p(\theta_1|\theta_2^{(r-1)})$ から $\theta_1^{(r)}$ を生成する
ステップ3 $p(\theta_2|\theta_1^{(r)})$ から $\theta_2^{(r)}$ を生成する
ステップ4 収束したと判定されるまでステップ2, 3を繰り返す

r^* 回目のステップ4で収束が確認された場合,

- 多重連鎖法であれば,最後の $(\theta_1^{(r^*)}, \theta_2^{(r^*)})$ を保存し,ステップ1に戻って次の乱数列を生成する.これを必要な数の乱数が得られるまで繰り返す.
- 単一連鎖法であれば,収束した乱数列から継続してステップ2, 3を繰り返し,必要な数の乱数を得る.

という作業を行います.これにより, (θ_1, θ_2) の同時分布 $p(\theta_1, \theta_2)$ からモンテカルロ標本が生成されることになります.

ギブズ・サンプラーで $p(\theta_1, \theta_2)$ からモンテカルロ標本を生成できる理由を説明しましょう.表記を簡単にするために, $\theta = (\theta_1, \theta_2)$ および $\theta^{(r)} = (\theta_1^{(r)}, \theta_2^{(r)})$ と定義し,ギブズ・サンプラーから生成された乱数列を $\{\theta^{(r)}\}_{r=1}^{\infty}$ としておきます.ギブズ・サンプラーの定義のステップ2, 3では,新しい乱数 $\theta^{(r)}$ の条件付分布は1つ前の乱数 $\theta^{(r-1)}$ だけに依存しています.これより

$$p(\theta^{(r)}|\theta^{(1)}, \ldots, \theta^{(r-1)}) = p(\theta^{(r)}|\theta^{(r-1)})$$

がいえるため,ギブズ・サンプラーはマルコフ連鎖の一種であることがわかります.そして,マルコフ連鎖としてのギブズ・サンプラーの推移核 Q は

$$Q(\theta^{(r-1)}, \theta^{(r)}) = p(\theta_2^{(r)}|\theta_1^{(r)}) p(\theta_1^{(r)}|\theta_2^{(r-1)}) \tag{5.27}$$

として与えられます.(5.27) 式の推移核 Q の形より,ギブズ・サンプラーの不変分布が $p(\theta) = p(\theta_1, \theta_2)$ であることが簡単に導かれます.表記を簡単にするために,

$$\theta^{(r-1)} = \varphi = (\varphi_1, \varphi_2), \qquad \theta^{(r)} = \psi = (\psi_1, \psi_2)$$

とすると,

5.5 ギブズ・サンプラー

$$\int_{\mathbb{R}^2} p(\varphi)Q(\varphi,\psi)d\varphi = \int_{-\infty}^{\infty}\int_{-\infty}^{\infty} p(\varphi_1,\varphi_2)p(\psi_2|\psi_1)p(\psi_1|\varphi_2)d\varphi_1 d\varphi_2$$

$$= p(\psi_2|\psi_1)\int_{-\infty}^{\infty} p(\psi_1|\varphi_2)\left\{\int_{-\infty}^{\infty} p(\varphi_1,\varphi_2)d\varphi_1\right\}d\varphi_2$$

$$= p(\psi_2|\psi_1)\int_{-\infty}^{\infty} p(\psi_1|\varphi_2)p(\varphi_2)d\varphi_2$$

$$= p(\psi_2|\psi_1)p(\psi_1) = p(\psi_1,\psi_2) = p(\psi) \quad (5.28)$$

となるので，$p(\theta)$ が不変分布であることがわかります．したがって，ギブズ・サンプラーで生成した乱数列 $\{\theta^{(r)}\}_{r=1}^{\infty}$ の収束先は不変分布である $p(\theta)$ になります（もちろん「不変分布の存在」と「不変分布への収束」は厳密には別の概念ですが，たいていのギブズ・サンプラーにおいて両者は同時に成り立ちます）．したがって，多重連鎖法か単一連鎖法を適用することでギブズ・サンプラーによって $p(\theta)$ からモンテカルロ標本を生成できるのです．なお，上記のギブズ・サンプラーでは①θ_1，②θ_2 の順序で条件付分布から乱数を生成していますが，①θ_2，②θ_1 の順序で乱数生成を行ってもギブズ・サンプラーの不変分布は $p(\theta)$ です．なぜなら，このときの推移核は

$$Q(\theta^{(r-1)},\theta^{(r)}) = p(\theta_1^{(r)}|\theta_2^{(r)})p(\theta_2^{(r)}|\theta_1^{(r-1)}) \quad (5.29)$$

であり，(5.28) 式と同じ要領で推移核 (5.29) の不変分布が $p(\theta)$ で与えられることを証明できるからです．したがって，通常は計算時間を短縮できる順序で乱数を生成していけば十分です．例えば，θ_1 の乱数を出すときに計算した値を θ_2 の乱数を生成するときに流用できるとしましょう．このときは①θ_1，②θ_2 の順序でギブズ・サンプラーを実行すれば同じ値を二度計算する手間が省け，計算時間の短縮に役立ちます．モンテカルロ法では何十万個，何百万個と乱数を生成しなければいけませんから，1つの計算手順を省くだけで実行時間を相当短くできる場合もあります．

それではギブズ・サンプラーの応用例を示しましょう．前章で紹介した日経平均の期待収益率に関するベイズ分析では，日経平均の収益率が正規分布 $\mathcal{N}(\mu,\sigma^2)$ に従い，期待収益率 μ は未知のパラメータであるとしましたが，σ はインプライド・ボラティリティなどで代用できるとして，収益率の分散 σ^2 は既知の値

であると仮定しました．しかし，現実には σ^2 の値は未知なので，σ^2 を過去の収益率データから推定することもあります．推定された σ は，過去の（ヒストリカル，historical）データに基づいて推定されたボラティリティという意味で**ヒストリカル・ボラティリティ (historical volatility)** と呼ばれることもあります．

この場合には期待収益率 μ と分散 σ^2 の同時事後分布 $p(\mu, \sigma^2|D)$ を求めなければなりません．μ の事前分布には前章と同じもの

$$p(\mu) = \frac{1}{\sqrt{2\pi\tau_0^2}} \exp\left[-\frac{(\mu-\mu_0)^2}{2\tau_0^2}\right] \tag{5.30}$$

をここでも使いましょう．今回は σ^2 も未知のパラメータなので，σ^2 の事前分布も設定してやる必要があります．ここでは σ^2 の事前分布に**逆ガンマ分布 (inverted or inverse gamma distribution)** を使います．

逆ガンマ分布 $X \sim \mathcal{G}a^{-1}(\alpha, \beta)$ は正の値をとる確率分布であり，その確率密度関数は

$$p(x|\alpha, \beta) = \frac{\beta^\alpha}{\Gamma(\alpha)} x^{-(\alpha+1)} \exp\left(-\frac{\beta}{x}\right) \tag{5.31}$$

です．$\Gamma(\cdot)$ はガンマ関数と呼ばれ，

$$\Gamma(x) = \int_0^\infty u^{x-1} e^{-u} du$$

と定義されます．ガンマ関数は

① $\Gamma(x+1) = x\Gamma(x)$
② x が自然数である場合は $\Gamma(x+1) = x!$
③ $\Gamma(1/2) = \sqrt{\pi}$

という性質を持っています．

以下では分散 σ^2 の事前分布 $p(\sigma^2)$ に逆ガンマ分布 $\mathcal{G}a^{-1}(\nu_0/2, \lambda_0/2)$ を使うことにしましょう．この確率密度関数は

$$p(\sigma^2) = \frac{(\lambda_0/2)^{\nu_0/2}}{\Gamma(\nu_0/2)} (\sigma^2)^{-(\nu_0/2+1)} \exp\left(-\frac{\lambda_0}{2\sigma^2}\right) \tag{5.32}$$

となります．(5.32) 式の事前分布では ν_0 と λ_0 がハイパー・パラメータです．過去の収益率データ $D = (x_1, \ldots, x_n)$ が与えられたときの尤度は，前章の (4.19)

5.5 ギブズ・サンプラー

式より,

$$p(D|\mu,\sigma^2) \propto (\sigma^2)^{-n/2} \exp\left[-\frac{\sum_{i=1}^n (x_i-\bar{x})^2 + n(\mu-\bar{x})^2}{2\sigma^2}\right] \quad (5.33)$$

です. (4.19) 式では σ^2 は既知だったので指数関数外の σ^2 は無視できましたが, (5.33) 式では σ^2 は未知のパラメータなので尤度に含まれています. (5.30), (5.32) 式の事前分布および (5.33) 式の尤度にベイズの定理を適用すると, (μ,σ^2) の同時事後分布は

$$p(\mu,\sigma^2|D)$$
$$\propto p(D|\mu,\sigma^2)p(\mu)p(\sigma^2)$$
$$\propto (\sigma^2)^{-\{(n+\nu_0)/2+1\}} \exp\left[-\frac{\sum_{i=1}^n (x_i-\bar{x})^2 + n(\mu-\bar{x})^2 + \lambda_0}{2\sigma^2} - \frac{(\mu-\mu_0)^2}{2\tau_0^2}\right]$$
$$(5.34)$$

として与えられます. しかし, σ^2 が未知の場合には (5.34) 式の $p(\mu,\sigma^2|D)$ を解析的に求めることができないことがわかっています. そこでギブズ・サンプラーを用いた MCMC 法で対処することにします.

それではギブズ・サンプラーで (μ,σ^2) の乱数を事後分布 (5.34) から生成する手順を説明しましょう. ギブズ・サンプラーを実行するには, 期待収益率 μ の条件付事後分布 $p(\mu|\sigma^2,D)$ と収益率の分散 σ^2 の条件付事後分布 $p(\sigma^2|\mu,D)$ が必要です. まず μ の条件付事後分布 $p(\mu|\sigma^2,D)$ を導出しましょう. $p(\mu|\sigma^2,D)$ は, σ^2 が既知であると仮定して (5.34) 式の同時事後分布を整理することで導出されます. 結局, それは前章で σ^2 が既知である場合の μ の事後分布 (4.16) にほかなりません. よって, 期待収益率 μ の条件付事後分布 $p(\mu|\sigma^2,D)$ は

$$\mu|\sigma^2,D \sim \mathcal{N}\left(\frac{n\sigma^{-2}\bar{x} + \tau_0^{-2}\mu_0}{n\sigma^{-2} + \tau_0^{-2}}, \frac{1}{n\sigma^{-2} + \tau_0^{-2}}\right) \quad (5.35)$$

となります. 次に, 分散 σ^2 の条件付事後分布 $p(\sigma^2|\mu,D)$ を導出しましょう. (5.34) 式で μ だけに依存している部分を無視すると,

$$p(\sigma^2|\mu,D) \propto (\sigma^2)^{-\{(n+\nu_0)/2+1\}} \exp\left[-\frac{\sum_{i=1}^n (x_i-\bar{x})^2 + n(\mu-\bar{x})^2 + \lambda_0}{2\sigma^2}\right]$$
$$(5.36)$$

となります．これは逆ガンマ分布

$$\sigma^2|\mu, D \sim \mathcal{G}a^{-1}\left(\frac{n+\nu_0}{2}, \frac{\sum_{i=1}^{n}(x_i-\bar{x})^2 + n(\mu-\bar{x})^2 + \lambda_0}{2}\right) \quad (5.37)$$

のカーネルです．つまり，(5.37) 式の逆ガンマ分布が分散 σ^2 の条件付事後分布 $p(\sigma^2|\mu, D)$ となります．

以上の結果を使うと，(5.34) 式の同時事後分布 $p(\mu, \sigma^2|D)$ から (μ, σ^2) の乱数を生成するギブズ・サンプラーは次のようになります．

正規分布の (μ, σ^2) の乱数を事後分布から生成するギブズ・サンプラー

ステップ 1 　(μ, σ^2) の初期値 $(\mu^{(1)}, \sigma^{2(1)})$ を決める
ステップ 2 　(5.35) 式の $p(\mu|\sigma^{2(r-1)}, D)$ から $\mu^{(r)}$ を生成する
ステップ 3 　(5.37) 式の $p(\sigma^2|\mu^{(r)}, D)$ から $\sigma^{2(r)}$ を生成する
ステップ 4 　収束したと判定されるまでステップ 2, 3 を繰り返す

このギブズ・サンプラーを前章の表 4.1 にある日経平均の収益率データに応用しましょう．前章では日経平均の収益率が正規分布 $\mathcal{N}(\mu, \sigma^2)$ に従うと仮定し，仮想的な 3 人のエコノミストの予想に基づいて期待収益率 μ の事前分布を作りました．ここでは Y 氏の予想に基づく中立的な $\mathcal{N}(0, (0.1)^2)$ を使いましょう．この事前分布の確率密度関数は図 5.5 の下段左のグラフに破線で示されています．前章では収益率の分散 σ^2 は既知であるとしましたが，ここでは未知のパラメータなので逆ガンマ分布 (5.32) を事前分布として使います．ハイパー・パラメータは $\nu_0 = 36$，$\lambda_0 = 1.36$ と設定します．σ^2 の事前分布 $\mathcal{G}a^{-1}(18, 0.68)$ の確率密度関数は図 5.5 の下段右のグラフに破線で示されています．σ^2 の事前分布 $\mathcal{G}a^{-1}(18, 0.68)$ を使うと，ボラティリティ σ の平均が 20%，レンジが 15〜30% 程度であると想定していることになります．

この数値例では単一連鎖のギブズ・サンプラーを適用します．初期値 $(\mu^{(1)}, \sigma^{2(1)})$ に収益率の標本平均と標本分散を使い，バーンインとしてギブズ・サンプラーで乱数を 100 回生成し，それから乱数を 10 万回生成しモンテカルロ標本としてベイズ分析に使います．生成された乱数列（モンテカルロ標本）の時系列プロットが図 5.5 の上段に示されています．そして，モンテカルロ標本のヒストグラムが図 5.5 の下段に示されています．図 5.5 下段の実線で描か

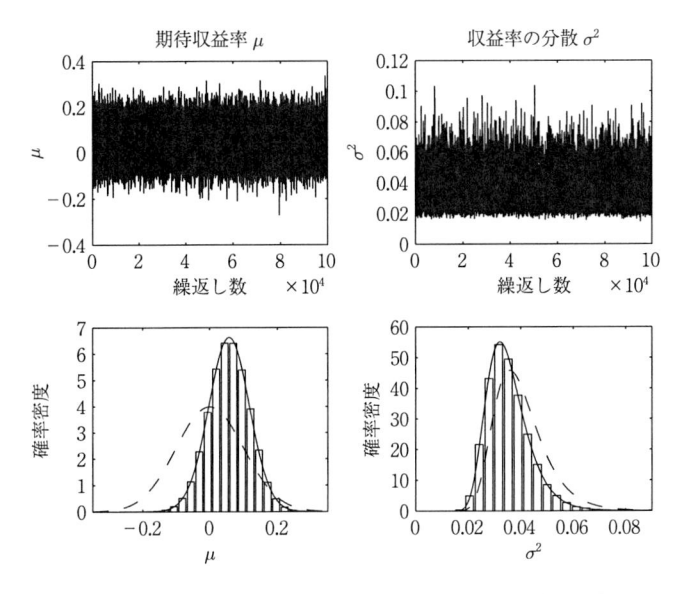

図 5.5 ギブズ・サンプラーによるモンテカルロ標本と事後分布

れているグラフは μ と σ^2 の周辺事後分布の確率密度関数です. これらは

$$\hat{p}(\mu|D) = \frac{1}{R}\sum_{r=1}^{R} p(\mu|\sigma^{2(r)}, D)$$
$$\hat{p}(\sigma^2|D) = \frac{1}{R}\sum_{r=1}^{R} p(\sigma^2|\mu^{(r)}, D) \tag{5.38}$$

という公式で計算されたものです. (5.38) 式の $p(\mu|\sigma^{2(r)}, D)$ と $p(\sigma^2|\mu^{(r)}, D)$ は, それぞれ (5.35) 式の正規分布と (5.37) 式の逆ガンマ分布の確率密度関数です. 同時確率密度関数と周辺確率密度関数の関係より,

$$p(\mu|D) = \int_{-\infty}^{\infty} p(\mu|\sigma^2, D)p(\sigma^2|D)d\sigma^2$$
$$p(\sigma^2|D) = \int_{0}^{\infty} p(\sigma^2|\mu, D)p(\mu|D)d\mu$$

が成り立つので, 大数の法則より十分に大きい R に対して (5.38) 式で $p(\mu|D)$ と $p(\sigma^2|D)$ を近似できます. 複数のパラメータの値の候補に対して周辺事後密度を (5.38) 式によって計算すれば, 図 5.5 下段のように周辺事後分布の確率密

表 5.1　ギブズ・サンプラーによる事後統計量(%)

	平均	標準偏差	中央値	95% HPD 区間
期待収益率 μ	5.73	6.07	5.75	$[-6.04, 17.75]$
ボラティリティ σ	18.66	2.12	18.47	$[14.75, 22.89]$

度関数のグラフを書くことができます.

モンテカルロ標本 $\{\mu^{(r)}, \sigma^{2(r)}\}_{r=1}^{100,000}$ から計算された事後統計量（平均，標準偏差，中央値，95% HPD 区間）が表 5.1 にまとめられています．表 5.1 では分散 σ^2 の代わりにボラティリティ σ の事後統計量を計算していますが，σ^2 のモンテカルロ標本 $\{\sigma^{2(r)}\}_{r=1}^{100,000}$ から σ のモンテカルロ標本 $\{\sigma^{(r)}\}_{r=1}^{100,000}$ を作るのは簡単です．単に $\sigma^{(r)} = \sqrt{\sigma^{2(r)}}$ と平方根をとるだけです．前章の表 4.3 の結果と比べると，表 5.1 では μ の平均が少し高くなり ($5.40\% \to 5.73\%$)，σ は逆に若干低くなっています ($6.32\% \to 6.07\%$)．この違いが出たのは，表 4.3 では 20%に固定されていた σ が表 5.1 では未知のパラメータとして推定されているからです．σ の事後分布の平均や中央値は約 18%なので，20%という設定は若干 σ を高めにみていたことになります．そのため表 4.3 では平均は低めに，分散は高めに推定してしまったといえます．また，μ の事後分布の平均と中央値はほとんど同じですが，σ の事後分布の平均は中央値よりも大きくなっています．この結果は σ の事後分布が左右対称ではないことを示唆しています．これは図 5.5 下段右の分散の事後分布の形からも予想される結果です．

2 変数のギブズ・サンプラーを 3 変数以上に拡張するのは簡単です．例えば 3 変数の同時確率分布 $p(\theta_1, \theta_2, \theta_3)$ からギブズ・サンプラーで乱数を生成する手順は次のとおりです.

―――― 3 変数の同時確率分布のギブズ・サンプラー ――――

ステップ 1　$(\theta_1, \theta_2, \theta_3)$ の初期値 $(\theta_1^{(1)}, \theta_2^{(1)}, \theta_3^{(1)})$ を決める
ステップ 2　$p(\theta_1|\theta_2^{(r-1)}, \theta_3^{(r-1)})$ から $\theta_1^{(r)}$ を生成する
ステップ 3　$p(\theta_2|\theta_1^{(r)}, \theta_3^{(r-1)})$ から $\theta_2^{(r)}$ を生成する
ステップ 4　$p(\theta_3|\theta_1^{(r)}, \theta_2^{(r)})$ から $\theta_3^{(r)}$ を生成する
ステップ 5　収束したと判定されるまでステップ 2〜4 を繰り返す

4 変数, 5 変数と確率変数の数を増やしていっても理屈は同じです．一般に k 個

の確率変数 $(\theta_1,\ldots,\theta_k)$ の同時確率分布 $p(\theta_1,\ldots,\theta_k)$ からギブズ・サンプラーで乱数を生成するには，各変数 θ_j $(j=1,\ldots,k)$ の条件付確率分布

$$p(\theta_j|\theta_1,\ldots,\theta_{j-1},\theta_{j+1},\ldots,\theta_k)$$

から順次 θ_j の乱数を生成し，新しく生成した θ_j の乱数を θ_{j+1} 以降の条件付分布に使っていくようにするだけです．また，2変数の場合と同様にギブズ・サンプラーの不変分布は乱数を生成する順序には依存しません．計算効率が高くなるような順序で生成すればよいでしょう．

今まで説明してきたギブズ・サンプラーでは，おのおのの確率変数 θ_j の乱数を1つずつ生成するようにしてきました．しかし，複数の確率変数，例えば (θ_1,θ_2) を条件付分布 $p(\theta_1,\theta_2|\theta_3,\ldots,\theta_k)$ から同時に生成できるのであれば，この条件付分布から (θ_1,θ_2) の乱数をまとめて生成し，残りの確率変数の乱数は今までと同じく1つずつ生成していっても，ギブズ・サンプラーの不変分布は変わりません．これをブロック化といいます．ブロック化は，特に高次元の同時確率分布からギブズ・サンプラーで乱数を生成する場合に重要です．高次元の分布にギブズ・サンプラーを適用すると，乱数列の自己相関が高くなる傾向があることが知られています．このため図5.4下段右のグラフで示したように，モンテカルロ法の近似精度を高めるためには多くの乱数を生成する必要が出てきます．しかし，ブロック化をうまく利用すると，ギブズ・サンプラーの乱数列の自己相関を低減できることが多くの応用事例でわかっています．本書では高次元の分布への応用事例を示しませんが，甘利ほか[1] や和合[10] に多くの応用事例が紹介されているので，興味のある読者の皆さんに一読することをお勧めします．

5.6 データ拡大法

ギブズ・サンプラーと関係が深いマルコフ連鎖サンプリング法として**データ拡大法 (data augmentation method)** があります．データ拡大法はもともとデータの欠損値を処理する手法として考え出されたモンテカルロ法の一種です．欠損値を補完してデータを拡大させることからデータ拡大法と呼ばれて

います.その後,ギブズ・サンプラーとの関連性が明らかとなり,マルコフ連鎖サンプリング法の一種であることが判明したという歴史的経緯があります.

データ拡大法の発想は単純です.θ の確率分布 $p(\theta)$ から乱数を生成することは難しいですが,補助的確率変数 Z と乱数生成の対象となる θ の同時確率分布 $p(\theta, z)$ を導入すると,条件付確率分布 $p(\theta|z)$ と $p(z|\theta)$ からは θ と Z の乱数を容易に生成できるとします.するとデータ拡大法は次のように与えられます.

---— データ拡大法 ———

ステップ1 (θ, z) の初期値 $(\theta^{(1)}, z^{(1)})$ を決める
ステップ2 $p(\theta|z^{(r-1)})$ から $\theta^{(r)}$ を生成する
ステップ3 $p(z|\theta^{(r)})$ から $z^{(r)}$ を生成する
ステップ4 収束したと判定されるまでステップ2,3を繰り返す

みてのとおりデータ拡大法は $p(\theta, z)$ に対するギブズ・サンプラーそのものです.

データ拡大法のポイントは,わざわざ補助的確率変数 Z を導入してやることにあります.$p(\theta, z)$ から生成したモンテカルロ標本 $\{(\theta^{(r)}, z^{(r)})\}_{r=1}^{R}$ から $\{\theta^{(r)}\}_{r=1}^{R}$ だけ取り出すと,その分布は θ の周辺確率分布 $p(\theta)$ になっています.$p(\theta)$ から θ の乱数だけを単独で生成できないときに,うまく補助的確率変数とあわせて生成することで θ のモンテカルロ標本 $\{\theta^{(r)}\}_{r=1}^{R}$ の生成を目指すのがデータ拡大法です.しかし,そのような補助的確率変数 Z を都合よくみつけられるのでしょうか.補助的確率変数 Z と乱数生成対象である θ の同時確率分布 $p(\theta, z)$ ともとの $p(\theta)$ の間には

$$p(\theta) = \int_{-\infty}^{\infty} p(\theta, z) dz \tag{5.39}$$

という関係が成り立ちます.逆にいうと,(5.39) 式を満たす Z であれば何でも補助的確率変数の候補になります.そして,その中で乱数を容易にすばやく生成できるような Z をデータ拡大法に使えばよいのです.どの補助的確率変数を使えばよいかはケースバイケースですが,多くの事例で使えそうな補助的確率変数の候補は1つくらいしかありません.

例として t 分布を考えてみましょう.読者の皆さんが統計学で習った自由度 ν の t 分布の定義は,互いに独立である標準正規分布に従う確率変数 $Z \sim \mathcal{N}(0, 1)$

と自由度 ν のカイ 2 乗分布に従う確率変数 $U \sim \chi^2(\nu)$ を使うと，

$$X = \frac{Z}{\sqrt{U/\nu}} \tag{5.40}$$

という確率変数 X の従う確率分布であったはずです．(5.40) 式で定義される t 分布を一般化すると，

$$X = \mu + \sigma \frac{Z}{\sqrt{U/\nu}} \tag{5.41}$$

となります．(5.41) 式で定義される t 分布を $\mathcal{T}(\mu, \sigma^2, \nu)$ と表記しましょう．この t 分布の確率密度関数は

$$p(x|\mu, \sigma^2, \nu) = \frac{\Gamma[(\nu+1)/2]}{\Gamma(\nu/2)\sqrt{\pi\nu\sigma^2}} \left\{ 1 + \frac{(x-\mu)^2}{\nu\sigma^2} \right\}^{-(\nu+1)/2} \tag{5.42}$$

です．そして，この分布の平均と分散は $\mathrm{E}[X] = \mu$ および $\mathrm{V}[X] = \{\nu/(\nu-2)\}\sigma^2$ となります．ただし平均は自由度 ν が 1 を超える場合，分散は自由度 ν が 2 を超える場合でないと存在しません．

ここで，日経平均の収益率が正規分布 $\mathcal{N}(\mu, \sigma^2)$ ではなく t 分布 $\mathcal{T}(\mu, \sigma^2, \nu)$ に従うと仮定しましょう．実は日経平均に限らず，為替レートや金利などの変動は正規分布では説明できないという考えが，現在ではコンセンサスになっています．その根拠の1つは，日経平均の収益率などの分布が正規分布よりも裾の厚い分布になっているという経験的事実です．「分布の裾の厚さ」の違いは確率密度関数のグラフをみると一目瞭然です．図 5.6 に標準正規分布と自由度 1, 3, 5 の t 分布の確率密度関数のグラフが描かれています（図 5.6 では $\mu = 0$, $\sigma^2 = 1$ を仮定しています）．t 分布は正規分布に比べて分布の裾の確率密度が高く（裾が厚く）なっているのが，図 5.6 から読み取れます．これは t 分布では正規分布よりも極端な値が出やすいことを意味します．一方，中心付近の分布の峰は正規分布よりもとがり気味です．これは t 分布では正規分布よりも中心付近の値が出やすいことを意味します．分布の峰を普段の市場での値動き，分布の裾を価格の高騰あるいは暴落に対応させると，この「とがった峰，厚い裾」という t 分布の特徴が，普段は中心レンジ内で変動する（中心付近の値が出やすい）が，まれに大きな値動きが起きる（極端な値が出やすい）という金融市

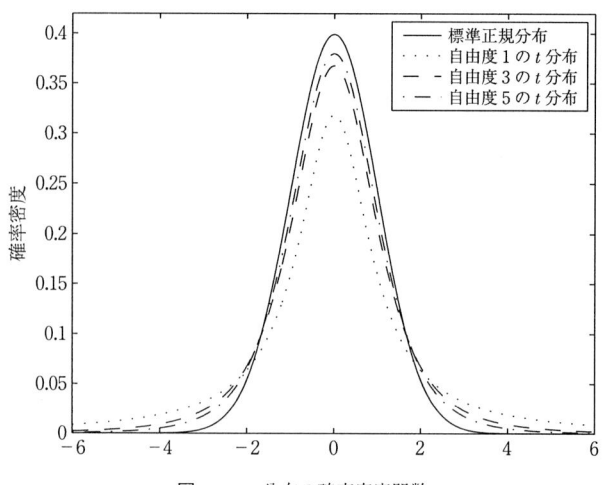

図 5.6　t 分布の確率密度関数

場の特徴に合致しています.

分布の裾の厚さを図 5.6 のようなグラフから読み取ってもよいのですが,数値として測ることもできます. 分布の裾の厚さを測る尺度に**尖度 (kurtosis)**

$$\beta_2 = \frac{\mathrm{E}[(X-\mu)^4]}{\sigma^4} \tag{5.43}$$

があります. (5.43) 式の尖度が大きいほど分布の裾が厚く, 尖度が小さいほど分布の裾が薄くなります. 正規分布の尖度は 3 です. 一方, 自由度 ν の t 分布の尖度は, 自由度が 4 を超えるときに $\beta_2 = 3 + 6/(\nu-4)$ として与えられます. これより t 分布の尖度は正規分布よりも必ず大きくなることがわかります.

以下では日経平均の収益率が t 分布に従うと仮定して, 期待収益率 μ とボラティリティ σ のベイズ推測を考えましょう. 収益率データ $D = (x_1, \ldots, x_n)$ が互いに独立に t 分布 $\mathcal{T}(\mu, \sigma^2, \nu)$ に従うとします. 自由度 ν は既知であるとしますが, (μ, σ^2) は未知のパラメータであるとしましょう. μ と σ^2 の事前分布には, それぞれ (5.30) 式の正規分布 $\mathcal{N}(\mu_0, \tau_0^2)$ と (5.32) 式の逆ガンマ分布 $\mathcal{G}a^{-1}(\nu_0/2, \lambda_0/2)$ を使います. この場合の尤度は

$$p(D|\mu, \sigma^2, \nu) \propto (\sigma^2)^{-n/2} \prod_{i=1}^{n} \left\{1 + \frac{(x_i - \mu)^2}{\nu \sigma^2}\right\}^{-(\nu+1)/2} \tag{5.44}$$

となります.残念ながら (5.44) 式の尤度を使って (μ, σ^2) の同時事後分布 $p(\mu, \sigma^2 | \nu, D)$ を解析的に求めることはできません.また,前節で紹介したギブズ・サンプラーを使って乱数を生成することもできません.しかし,データ拡大法を使ってやると (μ, σ^2) のモンテカルロ標本を生成することができます.

(5.41) 式の t 分布の定義に出てきたカイ 2 乗分布 $\chi^2(\nu)$ に従う確率変数 U から,$W = \nu/U$ という新しい確率変数を作ってみましょう.これがデータ拡大法における補助的確率変数になります.それを以下で説明しましょう.カイ 2 乗分布 $\chi^2(\nu)$ はガンマ分布 $\mathcal{G}a(\nu/2, 1/2)$ ですから,W は逆ガンマ分布 $\mathcal{G}a^{-1}(\nu/2, \nu/2)$ に従うことになります.さらに,(5.41) 式は

$$X = \mu + \sigma\sqrt{W}Z \tag{5.45}$$

と書き直されるので,W と X の間には

$$X|W \sim \mathcal{N}(\mu, \sigma^2 W), \qquad W \sim \mathcal{G}a^{-1}\left(\frac{\nu}{2}, \frac{\nu}{2}\right)$$

が成り立つことがわかります.つまり,W を逆ガンマ分布から生成し,その W が与えられた下で X を正規分布から生成すると,その X の分布は t 分布になるのです.このとき (X, W) の同時確率分布は,

$$p(x, w | \mu, \sigma^2, \nu) = p(x | w, \mu, \sigma^2) p(w | \nu) \tag{5.46}$$

$$p(x | w, \mu, \sigma^2) = \frac{1}{\sqrt{2\pi\sigma^2 w}} \exp\left[-\frac{(x-\mu)^2}{2\sigma^2 w}\right] \tag{5.47}$$

$$p(w | \nu) = \frac{(\nu/2)^{\nu/2}}{\Gamma(\nu/2)} w^{-(\nu/2+1)} \exp\left(-\frac{\nu}{2w}\right) \tag{5.48}$$

となります.

ここで収益率 x_i に対応する補助的確率変数の実現値 w_i が観測されたと仮定しましょう.現実にそのようなことはありえないのですが,観測できない値をあたかも観測できたものとみなして議論を進めていくと解けない問題が解けてしまう,というのがデータ拡大法のすばらしい点です.補助的確率変数の「観測されたデータ」を $\mathcal{W} = (w_1, \ldots, w_n)$ としましょう.拡大されたデータ $(D, \mathcal{W})$ が与えられたときの尤度は

$$p(D, \mathcal{W}|\mu, \sigma^2, \nu) = p(D|\mu, \sigma^2, \mathcal{W})p(\mathcal{W}|\nu) \tag{5.49}$$

$$p(D|\mu, \sigma^2, \mathcal{W}) = \prod_{i=1}^{n} \frac{1}{\sqrt{2\pi\sigma^2 w_i}} \exp\left[-\frac{(x_i - \mu)^2}{2\sigma^2 w_i}\right] \tag{5.50}$$

$$p(\mathcal{W}|\nu) = \prod_{i=1}^{n} \frac{(\nu/2)^{\nu/2}}{\Gamma(\nu/2)} w_i^{-(\nu/2+1)} \exp\left(-\frac{\nu}{2w_i}\right) \tag{5.51}$$

となります. $x_i^* = x_i/\sqrt{w_i}$ および $\iota_i^* = 1/\sqrt{w_i}$ $(i = 1, \ldots, n)$ と定義すると, (5.50) 式は

$$p(D|\mu, \sigma^2, \mathcal{W}) \propto \exp\left[-\frac{\sum_{i=1}^{n}(x_i^* - \mu\iota_i^*)^2}{2\sigma^2}\right] \tag{5.52}$$

と書き直されます. 例によって平方完成を (5.52) 式の指数関数内の $\sum_{i=1}^{n}(x_i^* - \mu\iota_i^*)^2$ に適用すると

$$\sum_{i=1}^{n}(x_i^* - \mu\iota_i^*)^2 = \sum_{i=1}^{n} x_i^{*2} - 2\mu \sum_{i=1}^{n} x_i^* \iota_i^* - \mu^2 \sum_{i=1}^{n} \iota_i^{*2}$$

$$= \sum_{i=1}^{n} \iota_i^{*2} \left(\mu - \frac{\sum_{i=1}^{n} x_i^* \iota_i^*}{\sum_{i=1}^{n} \iota_i^{*2}}\right)^2 + 定数$$

$$= \sum_{i=1}^{n} \frac{1}{w_i} \left\{\mu - \frac{\sum_{i=1}^{n}(x_i/w_i)}{\sum_{i=1}^{n}(1/w_i)}\right\}^2 + 定数 \tag{5.53}$$

となります. (5.53) 式で「定数」というのは μ に依存しない部分という意味です. (5.53) 式を (5.52) 式に代入すると,

$$p(D|\mu, \sigma^2, \mathcal{W}) \propto \exp\left[-\frac{(\mu - \mu_*)^2}{2\sigma_*^2}\right] \tag{5.54}$$

$$\mu_* = \frac{\sum_{i=1}^{n}(x_i/w_i)}{\sum_{i=1}^{n}(1/w_i)}, \qquad \sigma_*^2 = \frac{\sigma^2}{\sum_{i=1}^{n}(1/w_i)}$$

となります. (5.54) 式は正規分布 $\mathcal{N}(\mu_*, \sigma_*^2)$ のカーネルの形をしています. そして, (5.49) 式の尤度において, (5.50) 式の部分で μ に依存しているのは (5.54) 式だけであり, (5.51) 式の部分は μ に全く依存していません. したがって, ベイズの定理を μ の事前分布 (5.30) と尤度で μ に依存している部分 (5.54) に適用すれば, μ の条件付事後分布が

5.6 データ拡大法

$$\mu|\sigma^2, \mathcal{W}, D \sim \mathcal{N}\left(\frac{\sigma_*^{-2}\mu_* + \tau_0^{-2}\mu_0}{\sigma_*^{-2} + \tau_0^{-2}}, \frac{1}{\sigma_*^{-2} + \tau_0^{-2}}\right) \quad (5.55)$$

として求まります.

一方, (5.50) 式で σ^2 に依存している部分だけを取り出すと,

$$p(D|\mu, \sigma^2, \mathcal{W}) \propto (\sigma^2)^{-n/2} \exp\left[-\frac{\sum_{i=1}^n w_i^{-1}(x_i - \mu)^2}{2\sigma^2}\right] \quad (5.56)$$

です. (5.49) 式の尤度において, (5.50) 式の部分で σ^2 に依存しているのは (5.56) 式だけであり, (5.51) 式の部分は σ^2 に依存していません. したがって, ベイズの定理を σ^2 の事前分布 (5.32) と尤度で σ^2 に依存している部分 (5.56) だけに適用すれば, σ^2 の条件付事後分布が求まります. こうして求められる σ^2 の条件付事後分布は,

$$\sigma^2|\mu, \mathcal{W}, D \sim \mathcal{G}a^{-1}\left(\frac{n + \nu_0}{2}, \frac{\sum_{i=1}^n w_i^{-1}(x_i - \mu)^2 + \lambda_0}{2}\right) \quad (5.57)$$

です.

μ の条件付事後分布 (5.55) と σ^2 の条件付事後分布 (5.57) が与えられると, ギブズ・サンプラーで (μ, σ^2) のモンテカルロ標本を生成することができます. しかし, (5.55) 式も (5.57) 式も観測できない変数である $\mathcal{W} = (w_1, \ldots, w_n)$ に依存しているので, このままではギブズ・サンプラーは使えません. そこでデータ拡大法を適用し, 各 w_i $(i = 1, \ldots, n)$ を (μ, σ^2) が与えられた下での条件付事後分布から生成してやりましょう. そうすれば (5.55) 式と (5.57) 式からの乱数生成が可能となり, ギブズ・サンプラーは完成します.

それでは w_i の条件付事後分布を導出しましょう. (μ, σ^2) が既知で $x = x_i$ が観測されると, (5.47) 式は w_i の尤度とみなせます. さらに (5.48) 式を w_i の事前分布とみなして, (5.47) 式と (5.48) 式にベイズの定理を適用すると, w_i の条件付事後分布は

$$p(w_i|\mu, \sigma^2, \nu, x_i) \propto w_i^{-\{(\nu+1)/2+1\}} \exp\left[-\frac{\nu + \sigma^{-2}(x_i - \mu)^2}{2w_i}\right] \quad (5.58)$$

と求まります. (5.58) 式は, 逆ガンマ分布

$$w_i|\mu,\sigma^2,\nu,x_i \sim \mathcal{G}a^{-1}\left(\frac{\nu+1}{2},\frac{\nu+\sigma^{-2}(x_i-\mu)^2}{2}\right) \tag{5.59}$$

のカーネルです.

以上の結果から，データ拡大法による乱数生成の手順は次のようになります.

---- t 分布の $(\boldsymbol{\mu},\boldsymbol{\sigma}^2)$ の乱数を事後分布から生成するデータ拡大法 ----

ステップ 1 $(\mu,\sigma^2,\mathcal{W})$ の初期値 $(\mu^{(1)},\sigma^{2(1)},\mathcal{W}^{(1)})$ を決める
ステップ 2 (5.55) 式の $p(\mu|\sigma^{2(r-1)},\mathcal{W}^{(r-1)},D)$ から $\mu^{(r)}$ を生成する
ステップ 3 (5.57) 式の $p(\sigma^2|\mu^{(r)},\mathcal{W}^{(r-1)},D)$ から $\sigma^{2(r)}$ を生成する
ステップ 4 (5.59) 式の $p(w_i|\mu^{(r)},\sigma^{(r)},\nu,x_i)$ から $w_i^{(r)}$ を生成する
ステップ 5 収束したと判定されるまでステップ 2〜4 を繰り返す

データ拡大法の数値例として，前節で説明した日経平均の期待収益率とボラティリティのベイズ推測を日経平均の収益率の分布に正規分布ではなく自由度 5 の t 分布を仮定して行うことにしましょう．単に同じデータを使うのもおもしろくないので，2005 年度の収益率を 10 倍にして正規分布と t 分布で推測結果にどのような違いが生じるかをみてみることにしましょう．なぜこのような変なことをするかというと，推測における外れ値の影響を考察したいからです．

正規分布を仮定した場合にはギブズ・サンプラーを，自由度 5 の t 分布を仮定した場合にはデータ拡大法を使います．いずれのサンプリング法においても，バーンインで乱数を 100 回生成した後で大きさ 10 万のモンテカルロ標本を単一連鎖法で生成しました．表 5.2 には期待収益率 μ とボラティリティ σ の事後統計量がまとめられています．「外れ値なし」は表 4.1 の日経平均の収益率をそのまま使っています．「外れ値あり」は 2005 年度の収益率を 10 倍にしてあります．他の年度の収益率は表 4.1 のままです．

表 5.2 において，正規分布を仮定した場合では，外れ値がない場合の値と比べて外れ値がある場合の期待収益率とボラティリティの点推定（平均と中央値）はともにかなり大きくなっています．もともと 17% 程度であった 2005 年度の収益率を一気に 170% 以上に引き上げたのですから当然の結果といえます．しかし，t 分布を仮定した場合，外れ値がない場合の値は正規分布とほぼ同じで

5.6 データ拡大法

表 5.2 分布の仮定と外れ値の事後統計量への影響(%)

	期待収益率 μ			
	平均	標準偏差	中央値	95% HPD 区間
正規分布, 外れ値なし	5.73	6.07	5.75	$[-6.04, 17.75]$
正規分布, 外れ値あり	13.45	8.09	13.50	$[-2.40, 29.33]$
t 分布, 外れ値なし	5.78	5.97	5.85	$[-5.74, 17.78]$
t 分布, 外れ値あり	5.56	6.54	5.61	$[-7.14, 18.58]$
	ボラティリティ σ			
	平均	標準偏差	中央値	95% HPD 区間
正規分布, 外れ値なし	18.66	2.12	18.47	$[14.75, 22.89]$
正規分布, 外れ値あり	31.55	3.66	31.21	$[24.67, 38.73]$
t 分布, 外れ値なし	18.69	2.11	18.50	$[14.77, 22.90]$
t 分布, 外れ値あり	20.04	2.43	19.81	$[15.66, 24.99]$

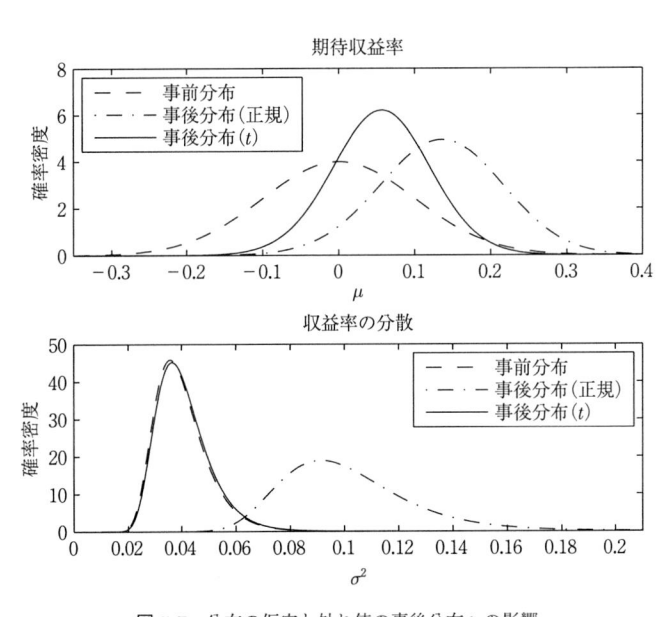

図 5.7 分布の仮定と外れ値の事後分布への影響

すが,外れ値がある場合でも正規分布ほどの影響は受けていません.このことは図 5.7 で示されている外れ値がある場合の事後分布のグラフにおいても一目瞭然です(t 分布を仮定し外れ値がない場合の事後分布のグラフは図 5.5 の下段のものとほぼ一致するので省略しました).正規分布の代わりに t 分布を使う 1 つの理由は,「裾の厚い」分布に従うという経験的に知られている金融データ

の特性でした．しかし，この簡単な例からもわかるように，外れ値に対して影響を受けにくい（頑健である）という利点も t 分布にはあります．

5.7　メトロポリス–ヘイスティングズ・アルゴリズム

　数あるマルコフ連鎖サンプリング法の中で**メトロポリス–ヘイスティングズアルゴリズム (Metropolis-Hastings (M-H) algorithm)** は最も古い歴史を持っています．特に M-H アルゴリズムの原型であるメトロポリス・アルゴリズムは 1950 年代に核物理学の分野で開発された「マルコフ連鎖サンプリング法の祖」です．M-H アルゴリズムの発想は採択棄却法に似ています．採択棄却法では，乱数生成対象である目標分布 $p(\theta)$ からの乱数生成は困難であるが，代わりに提案分布 $q(\theta)$ からは乱数生成が可能であるという状況で，$q(\theta)$ から生成した乱数をある条件で採択したり棄却したりすることで $p(\theta)$ からの乱数を生成する方法でした．M-H アルゴリズムでも，目標分布 $p(\theta)$ から乱数を出す代わりに提案分布から生成した乱数をある条件で採択したり棄却したりして，$p(\theta)$ からの乱数生成を目指します．しかし，採択棄却法と異なり，提案分布として推移核 q を持つマルコフ連鎖を使い，提案分布から生成された乱数が棄却されたときは前に生成した乱数を引き続き使用するという違いがあります．

　それでは正式に M-H アルゴリズムの定義を紹介しましょう．まず推移核 $q(\varphi, \theta)$ を持つマルコフ連鎖を考えます．このマルコフ連鎖は不変分布が目標分布 $p(\theta)$ になっている必要もなければ，不変分布自体が存在しなくてもかまいません．$p(\theta)$ のとりうる値の集合を Θ としたとき，任意の $\varphi \in \Theta$ と $\theta \in \Theta$ に対して $q(\varphi, \theta)$ と $p(\theta)$ がともに連続で正の値をとるだけで十分です．後でわかりますが，この条件を満たす $q(\varphi, \theta)$ は比較的簡単にみつかります．以上の設定の下で M-H アルゴリズムは次のように定義されます．

M-H アルゴリズム

ステップ1 θ の初期値 $\theta^{(1)}$ を決める

ステップ2 $q(\theta^{(r-1)}, \theta)$ から $\tilde{\theta}$ を生成し，採択確率を計算する

$$\alpha(\theta^{(r-1)}, \tilde{\theta}) = \min\left\{\frac{p(\tilde{\theta})}{p(\theta^{(r-1)})}\frac{q(\tilde{\theta}, \theta^{(r-1)})}{q(\theta^{(r-1)}, \tilde{\theta})}, 1\right\} \quad (5.60)$$

ステップ3 0と1の間の一様乱数 U を生成する

ステップ4 $\theta^{(r)}$ を以下のように決定する

$$\theta^{(r)} = \begin{cases} \tilde{\theta} & (U \leq \alpha(\theta^{(r-1)}, \tilde{\theta}) \text{ のとき}) \\ \theta^{(r-1)} & (U > \alpha(\theta^{(r-1)}, \tilde{\theta}) \text{ のとき}) \end{cases}$$

このM-Hアルゴリズムの不変分布が本当に目標分布 $p(\theta)$ になっていることを確認しましょう．その準備として最初にM-Hアルゴリズムの推移核を導出します．以下の導出では表記を簡潔にするために $\varphi = \theta^{(r-1)}$ および $\psi = \theta^{(r)}$ とおきます．まずステップ3で $\tilde{\theta}$ が採択された場合の ψ の条件付確率密度関数 $p(\psi|\varphi, \text{採択})$ を求めましょう．これは $\tilde{\theta}$ が採択された場合の $\tilde{\theta}$ の条件付累積分布関数を求めることで達成できます．なぜなら $\tilde{\theta}$ が採択された場合には定義上 $\psi = \tilde{\theta}$ が成り立つため，$\tilde{\theta}$ の条件付分布は ψ の条件付分布と同じになるからです．$\tilde{\theta}$ の条件付累積分布関数は

$$\begin{aligned}
\Pr\{\tilde{\theta} \leq y | \text{採択}\} &= \Pr\{\tilde{\theta} \leq y | U \leq \alpha(\varphi, \tilde{\theta})\} = \frac{\Pr\{\tilde{\theta} \leq y, U \leq \alpha(\varphi, \tilde{\theta})\}}{\Pr\{U \leq \alpha(\varphi, \tilde{\theta})\}} \\
&= \frac{\int_{-\infty}^{y}\int_{0}^{\alpha(\varphi, \tilde{\theta})} q(\varphi, \tilde{\theta}) du d\tilde{\theta}}{\int_{-\infty}^{\infty}\int_{0}^{\alpha(\varphi, \tilde{\theta})} q(\varphi, \tilde{\theta}) du d\tilde{\theta}} = \frac{\int_{-\infty}^{y} \alpha(\varphi, \tilde{\theta}) q(\varphi, \tilde{\theta}) d\tilde{\theta}}{\int_{-\infty}^{\infty} \alpha(\varphi, \tilde{\theta}) q(\varphi, \tilde{\theta}) d\tilde{\theta}} \\
&= \int_{-\infty}^{y} \frac{\alpha(\varphi, \tilde{\theta}) q(\varphi, \tilde{\theta})}{\alpha(\varphi)} d\tilde{\theta}, \quad \alpha(\varphi) = \int_{-\infty}^{\infty} \alpha(\varphi, \tilde{\theta}) q(\varphi, \tilde{\theta}) d\tilde{\theta}
\end{aligned}$$

となります．$\alpha(\varphi)$ は，M-Hアルゴリズムのステップ3で φ が与えられた下で平均して $\tilde{\theta}$ が採択される確率です．累積分布関数と確率密度関数の関係から，採択された場合の ψ の条件付確率密度関数は

$$p(\psi|\varphi, \text{採択}) = \frac{\alpha(\varphi, \psi)q(\varphi, \psi)}{\alpha(\varphi)} \tag{5.61}$$

となります．次にステップ 3 で棄却された場合の ψ の条件付確率密度関数 $p(\psi|\varphi, \text{棄却})$ を求めます．ステップ 3 で棄却された場合は確率 1 で $\psi = \varphi$ となるので，

$$p(\psi|\varphi, \text{棄却}) = \delta(\psi - \varphi) \tag{5.62}$$

です．なお，(5.62) 式の $\delta(\cdot)$ は，$x \neq 0$ であるときに $\delta(x) = 0$ となり $\int_{-\infty}^{\infty} \delta(x)dx = 1$ を満たすディラックのデルタ関数です．以上をまとめると，M-H アルゴリズムの推移核は次のように導かれます．

$$\begin{aligned}
Q(\varphi, \psi) &= p(\psi|\varphi) \\
&= \Pr\{\text{採択} |\varphi\}p(\psi|\varphi, \text{採択}) + \Pr\{\text{棄却} |\varphi\}p(\psi|\varphi, \text{棄却}) \\
&= \alpha(\varphi)\frac{\alpha(\varphi, \psi)q(\varphi, \psi)}{\alpha(\varphi)} + \{1 - \alpha(\varphi)\}\delta(\psi - \varphi) \\
&= \alpha(\varphi, \psi)q(\varphi, \psi) + \{1 - \alpha(\varphi)\}\delta(\psi - \varphi)
\end{aligned} \tag{5.63}$$

それでは M-H アルゴリズムの推移核 (5.63) の不変分布が目標分布 $p(\theta)$ であることを示しましょう．一般にマルコフ連鎖の推移核 $Q(\varphi, \psi)$ が，すべての (φ, ψ) に対して

$$Q(\varphi, \psi)\bar{p}(\varphi) = Q(\psi, \varphi)\bar{p}(\psi) \tag{5.64}$$

を満たすとき，

$$\int_{-\infty}^{\infty} Q(\varphi, \psi)\bar{p}(\varphi)d\varphi = \int_{-\infty}^{\infty} Q(\psi, \varphi)\bar{p}(\psi)d\varphi = \bar{p}(\psi)$$

となり，$\bar{p}(\psi)$ はマルコフ連鎖の不変分布であることがわかります．この (5.64) 式は**詳細平衡条件 (detailed balance condition)** と呼ばれます．したがって，(5.63) 式の M-H アルゴリズムの推移核と目標分布 $p(\theta)$ が (5.64) 式の詳細平衡条件を満たしていることを確認すれば，$p(\theta)$ が M-H アルゴリズムの不変分布であることが証明できます．(5.63) 式に $p(\varphi)$ を後ろからかけると，

$$Q(\varphi, \psi)p(\varphi) = \alpha(\varphi, \psi)q(\varphi, \psi)p(\varphi) + \{1 - \alpha(\varphi)\}\delta(\psi - \varphi)p(\varphi) \tag{5.65}$$

5.7 メトロポリス-ヘイスティングズ・アルゴリズム

となります. (5.65) 式の右辺第 1 項は

$$\begin{aligned}
\alpha(\varphi,\psi)q(\varphi,\psi)p(\varphi) &= \min\left\{\frac{p(\psi)}{p(\varphi)}\frac{q(\psi,\varphi)}{q(\varphi,\psi)}, 1\right\} q(\varphi,\psi)p(\varphi) \\
&= \min\{q(\psi,\varphi)p(\psi), q(\varphi,\psi)p(\varphi)\} \\
&= \min\left\{1, \frac{p(\varphi)}{p(\psi)}\frac{q(\varphi,\psi)}{q(\psi,\varphi)}\right\} q(\psi,\varphi)p(\psi) \\
&= \alpha(\psi,\varphi)q(\psi,\varphi)p(\psi)
\end{aligned}$$

となり, (5.65) 式の右辺第 2 項は $\psi = \varphi$ でも $\psi \neq \varphi$ でも

$$\{1-\alpha(\varphi)\}\delta(\psi-\varphi)p(\varphi) = \{1-\alpha(\psi)\}\delta(\varphi-\psi)p(\psi)$$

となるので,

$$Q(\varphi,\psi)p(\varphi) = Q(\psi,\varphi)p(\psi) \tag{5.66}$$

が成り立ちます. よって, 目標分布 $p(\theta)$ は (5.63) 式の M-H アルゴリズムの推移核 Q の不変分布です.

M-H アルゴリズムの利点の 1 つは, θ が 1 次元であっても適用できる点です. ギブズ・サンプラーは 2 次元以上の同時確率分布にしか適用できません. さらに便利な点は, 目標分布 $p(\theta)$ の基準化定数が未知であっても問題なく M-H アルゴリズムを実行できることです. なぜなら (5.60) 式の採択確率 $\alpha(\varphi,\psi)$ の中に $p(\theta)$ は比の形 $p(\psi)/p(\varphi)$ で入っており, $p(\theta)$ の基準化定数は分子分母で相殺されてしまうからです. ベイズ分析でマルコフ連鎖サンプリング法に頼らなければならない場合には事後分布の基準化定数が未知であることが多いので, この M-H アルゴリズムの性質はきわめて有用です.

推移核 $q(\varphi,\psi)$ の選択に応じて, 様々な M-H アルゴリズムを作ることができます. 以下に代表的なものをあげてみます.

1) 酔歩連鎖

$$q(\theta^{(r-1)}, \tilde{\theta}) = \frac{1}{\sqrt{2\pi\tau^2}} \exp\left[-\frac{(\tilde{\theta}-\theta^{(r-1)})^2}{2\tau^2}\right] \tag{5.67}$$

2) 独立連鎖

$$q(\theta^{(r-1)}, \tilde{\theta}) = q(\tilde{\theta}) \tag{5.68}$$

3) 棄却サンプリング連鎖（A-R/M-H アルゴリズム）

$$q(\theta^{(r-1)}, \tilde{\theta}) \propto \min\{p(\tilde{\theta}), Kq(\tilde{\theta})\} \qquad (5.69)$$

酔歩連鎖 (random walk chain) は，候補 $\tilde{\theta}$ を生成する提案分布として酔歩（ランダム・ウォーク）過程

$$\tilde{\theta} = \theta^{(r-1)} + \epsilon^{(r)}, \qquad \epsilon^{(r)} \sim \text{i.i.d.} \, \mathcal{N}(0, \tau^2) \qquad (5.70)$$

を使う M-H アルゴリズムです．(5.70) 式では $\epsilon^{(r)}$ の分布として正規分布を使っていますが，t 分布などが使われることもあります．(5.70) 式自体は $\rho=1$ とした AR(1) 過程 (5.21) なのでマルコフ連鎖の一種です．しかし，$|\rho|<1$ の条件を満たさないため不変分布を持ちません．ところが，M-H アルゴリズムに組み込むと目標分布を不変分布としたマルコフ連鎖を作ることができます．なぜなら M-H アルゴリズムで提案分布として使われる推移核は不変分布を持つ必要がないからです．τ^2 の値は M-H アルゴリズムがうまく収束するように決めてやります．一般的な傾向として，τ^2 を大きくすると，(5.60) 式の M-H アルゴリズムの採択確率 $\alpha(\theta^{(r-1)}, \tilde{\theta})$ が低くなり，無駄に乱数を生成するばかりで同じ値が出続けることになります．逆に τ^2 を小さくすると，採択確率 $\alpha(\theta^{(r-1)}, \tilde{\theta})$ は高くなって無駄に捨てられる乱数は減りますが，初期値から離れた値が出にくくなり目標分布の一部からしか乱数を生成できていない危険性があります．理論的にどの τ^2 の値が適切かわかることは特殊な場合を除いてないので，異なる τ^2 の値に対して何度か M-H アルゴリズムを実行し，採択確率 $\alpha(\theta^{(r-1)}, \tilde{\theta})$ が高すぎず低すぎないちょうどよい水準になるように τ^2 の値を調整することになります．文献によっては，θ が 1〜2 次元の場合は 50% 程度に，高次元の場合には 25% 程度になるよう調整するとよいとされています．しかし，これは絶対的基準ではありません．1 つの目安と思っておいてください．様々な収束判定を行いつつ適切な τ^2 の値を決める方がよいでしょう．

独立連鎖 (independent chain) は，互いに独立に同じ提案分布 $q(\theta)$ から次の乱数の候補 $\tilde{\theta}$ を生成する M-H アルゴリズムです．(5.68) 式からわかるように独立連鎖の推移核は過去の値 $\theta^{(r-1)}$ に依存していません．そこが「独立」連鎖の名前の由来です．しかし，これを M-H アルゴリズムに組み込むと，採

採択確率 $\alpha(\theta^{(r-1)}, \tilde{\theta})$ は過去の値 $\theta^{(r-1)}$ に依存しているため，M-H アルゴリズムによるマルコフ連鎖には自己相関が出てきます．仮に独立連鎖で $p(\theta) = q(\theta)$ が成り立っていたとすると，採択確率 $\alpha(\theta^{(r-1)}, \tilde{\theta})$ は必ず 1 になり，生成された乱数列 $\{\theta^{(r)}\}_{r=1}^{\infty}$ は互いに独立になります．したがって，提案分布 $q(\theta)$ にはできるだけ目標分布 $p(\theta)$ に「似た分布」を選ぶことが重要です．そうすれば採択確率は 1 に近くなり，乱数列の自己相関も小さくなるからです．応用でよく使われる $q(\theta)$ は $p(\theta)$ をモードの周辺で正規近似したものです．$p(\theta)$ が富士山のような形をした一つ山の分布であるとし，θ^* を $p(\theta)$ をモードとしましょう．θ^* の周辺で $\log p(\theta)$ を二次テーラー展開すると，

$$\log p(\theta) \approx \log p(\theta^*) + \nabla \log p(\theta^*)(\theta - \theta^*) + \frac{1}{2}\nabla^2 \log p(\theta^*)(\theta - \theta^*)^2 \quad (5.71)$$

となります．モードでは関数の傾きは水平なので $\nabla \log p(\theta^*) = 0$ です．また，モードでは関数は上に凸になっていますから $\nabla^2 \log p(\theta^*) < 0$ となります．さらに $\log p(\theta^*)$ は θ には依存しない定数です．したがって，$p(\theta)$ は

$$p(\theta) = \exp(\log p(\theta)) \approx 定数 \times \exp\left[-\frac{1}{2}(-\nabla^2 \log p(\theta^*))(\theta - \theta^*)^2\right] \quad (5.72)$$

と近似されます．「定数」は θ に依存しない部分を指しています．(5.72) 式は正規分布 $\mathcal{N}\left(\theta^*, -1/\nabla^2 \log p(\theta^*)\right)$ のカーネルに比例しています．これをそのまま提案分布 $q(\theta)$ に使ってもよいのですが，実際の応用事例では $q(\theta)$ に

$$\mathcal{N}\left(\theta^*, -\frac{c}{\nabla^2 \log p(\theta^*)}\right) \quad (5.73)$$

を使い，採択確率ができるだけ高くなるように c の値を調整するという独立連鎖が広く使われています．もし正規分布では裾が薄くて $p(\theta)$ の分布の両裾をうまくカバーできない場合には，自由度 ν を小さくした t 分布

$$\mathcal{T}\left(\theta^*, -\frac{c}{\nabla^2 \log p(\theta^*)}, \nu\right) \quad (5.74)$$

を代わりに使うこともあります．

もしすべての θ の値に対して

$$p(\theta) \leq Kq(\theta) \quad (5.75)$$

を満たす正の値 K が存在すれば，無理に M-H アルゴリズムを使わなくでも $q(\theta)$ を提案分布とした採択棄却法を使えば $p(\theta)$ から乱数を生成できます．しかし，独立連鎖では (5.75) 式が成り立つ必要はありません．したがって，独立連鎖は採択棄却法の拡張版とみなすことができます．この「独立連鎖は採択棄却法の拡張版である」という発想をさらに進めたのが，**棄却サンプリング連鎖 (rejection sampling chain)** です．

すべての θ の値に対しては (5.75) 式を満たしませんが，ある θ の値に対しては (5.75) 式を満たすような K があるとします．当然，この場合は $q(\theta)$ を提案分布として採択棄却法を適用しても目標分布 $p(\theta)$ から乱数を生成することはできません．しかし，あえて採択棄却法を適用したらどうなるでしょうか．(5.75) 式が成り立っている $\tilde{\theta}$，つまり $p(\tilde{\theta}) \leq Kq(\tilde{\theta})$ を満たす $\tilde{\theta}$ に対しては，採択棄却法が有効なので $\tilde{\theta}$ は目標分布 $p(\tilde{\theta})$ から生成されたことになります．一方，(5.75) 式が成り立っていない $\tilde{\theta}$，つまり $p(\tilde{\theta}) > Kq(\tilde{\theta})$ を満たす $\tilde{\theta}$ に対しては，採択棄却法が有効ではないので $\tilde{\theta}$ は提案分布 $q(\tilde{\theta})$ から生成されたもののままです．これらをあわせると，$p(\tilde{\theta})$ と $Kq(\tilde{\theta})$ の小さい方，つまり (5.69) 式の $\min\{p(\tilde{\theta}), Kq(\tilde{\theta})\}$ に比例する確率密度関数を持つ分布から $\tilde{\theta}$ が生成されたことになります．この (5.69) 式を提案分布に使った独立連鎖が棄却サンプリング連鎖なのです．言い換えると，棄却サンプリング連鎖は採択棄却法で生成した乱数を次の目標分布からの乱数の候補に使う M-H アルゴリズムであるといえます．以上の説明からわかるように，棄却サンプリング連鎖は独立連鎖の特殊例であり，棄却サンプリング連鎖でも独立連鎖と同様に $q(\theta)$ としてモードの周辺で $p(\theta)$ を近似して導出された (5.73) 式の正規分布や (5.74) 式の t 分布がよく使われます．

(5.60) 式の採択確率 $\alpha(\theta^{(r-1)}, \tilde{\theta})$ に (5.69) 式の推移核と代入すると，

$$\alpha(\theta^{(r-1)}, \tilde{\theta}) = \min\left\{\frac{p(\tilde{\theta})}{p(\theta^{(r-1)})} \frac{\min\{p(\theta^{(r-1)}), Kq(\theta^{(r-1)})\}}{\min\{p(\tilde{\theta}), Kq(\tilde{\theta})\}}, 1\right\} \quad (5.76)$$

となります．(5.76) 式の $\min\{p(\theta^{(r-1)}), Kq(\theta^{(r-1)})\} / \min\{p(\tilde{\theta}), Kq(\tilde{\theta})\}$ は，$p(\theta)$ と $Kq(\theta)$ の大小関係によって表 5.3 のように変化します．したがって，(5.76) 式の採択確率は表 5.4 のように与えられます．まとめると採択確率は

5.7 メトロポリス–ヘイスティングズ・アルゴリズム

表 5.3 推移核の比 $\min\{p(\theta^{(r-1)}), Kq(\theta^{(r-1)})\}/\min\{p(\tilde{\theta}), Kq(\tilde{\theta})\}$

	$p(\theta^{(r-1)}) \leq Kq(\theta^{(r-1)})$	$p(\theta^{(r-1)}) > Kq(\theta^{(r-1)})$
$p(\tilde{\theta}) \leq Kq(\tilde{\theta})$	$p(\theta^{(r-1)})/p(\tilde{\theta})$	$Kq(\theta^{(r-1)})/p(\tilde{\theta})$
$p(\tilde{\theta}) > Kq(\tilde{\theta})$	$p(\theta^{(r-1)})/Kq(\tilde{\theta})$	$q(\theta^{(r-1)})/q(\tilde{\theta})$

表 5.4 採択確率 $\alpha(\theta^{(r-1)}, \tilde{\theta})$

	$p(\theta^{(r-1)}) \leq Kq(\theta^{(r-1)})$	$p(\theta^{(r-1)}) > Kq(\theta^{(r-1)})$
$p(\tilde{\theta}) \leq Kq(\tilde{\theta})$	1	$\dfrac{Kq(\theta^{(r-1)})}{p(\theta^{(r-1)})}$
$p(\tilde{\theta}) > Kq(\tilde{\theta})$	1	$\min\left\{\dfrac{p(\tilde{\theta})}{p(\theta^{(r-1)})}\dfrac{q(\theta^{(r-1)})}{q(\tilde{\theta})}, 1\right\}$

$$\alpha(\theta^{(r-1)}, \tilde{\theta}) = \begin{cases} \min\left\{\dfrac{Kq(\theta^{(r-1)})}{p(\theta^{(r-1)})}, 1\right\} & \left(p(\tilde{\theta}) \leq Kq(\tilde{\theta}) \text{ のとき}\right) \\ \min\left\{\dfrac{p(\tilde{\theta})}{p(\theta^{(r-1)})}\dfrac{q(\theta^{(r-1)})}{q(\tilde{\theta})}, 1\right\} & \left(p(\tilde{\theta}) > Kq(\tilde{\theta}) \text{ のとき}\right) \end{cases}$$

と整理されます.

それでは具体的な応用例の説明に入りましょう. (5.21) 式の AR(1) 過程に従うデータ $D = (x_1, \ldots, x_n)$ があるとします. 話を簡単にするために, ρ だけが未知のパラメータであり, σ^2 は既知であるとしましょう. さらに最初の実現値 x_1 は (5.21) 式の AR(1) 過程の不変分布 $\mathcal{N}(0, \sigma^2/(1-\rho^2))$ から生成されたと仮定します. このように仮定するのは x_1 より 1 期前の x_0 が観測されないためです. まず尤度 $p(D|\rho)$ を求めましょう. 尤度 $p(D|\rho)$ は $(x_1, \ldots, x_n)$ の同時分布です. AR(1) 過程がマルコフ連鎖であることから, 同時分布は初期分布と推移核から作られます. 初期分布は不変分布 $\mathcal{N}(0, \sigma^2/(1-\rho^2))$ であり, AR(1) 過程の推移核は (5.22) 式で与えられるので, 尤度は

$$p(D|\rho) = \sqrt{\frac{1-\rho^2}{2\pi\sigma^2}} \exp\left[-\frac{(1-\rho^2)x_1^2}{2\sigma^2}\right] \prod_{i=2}^{n} \frac{1}{\sqrt{2\pi\sigma^2}} \exp\left[-\frac{(x_i - \rho x_{i-1})^2}{2\sigma^2}\right]$$

$$\propto \sqrt{1-\rho^2} \exp\left[-\frac{(1-\rho^2)x_1^2}{2\sigma^2}\right]$$

$$\times \exp\left[-\frac{\sum_{i=2}^{n} x_i^2 - 2\rho \sum_{i=2}^{n} x_i x_{i-1} + \rho^2 \sum_{i=2}^{n} x_{i-1}^2}{2\sigma^2}\right]$$

$$\propto \sqrt{1-\rho^2} \exp\left[-\frac{\rho^2 \sum_{i=2}^{n-1} x_i^2 - 2\rho \sum_{i=2}^{n} x_i x_{i-1} + \sum_{i=1}^{n} x_i^2}{2\sigma^2}\right]$$

(5.77)

となります.(5.77) 式の指数関数内の分数の分子に平方完成を適用すると,

$$\rho^2 \sum_{i=2}^{n-1} x_i^2 - 2\rho \sum_{i=2}^{n} x_i x_{i-1} + \sum_{i=1}^{n} x_i^2$$

$$= \sum_{i=2}^{n-1} x_i^2 \left(\rho - \frac{\sum_{i=2}^{n} x_i x_{i-1}}{\sum_{i=2}^{n-1} x_i^2}\right)^2 + \sum_{i=1}^{n} x_i^2 - \frac{\left(\sum_{i=2}^{n} x_i x_{i-1}\right)^2}{\sum_{i=2}^{n-1} x_i^2} \quad (5.78)$$

となるので,(5.77) 式の尤度は

$$p(D|\rho) \propto \sqrt{1-\rho^2} \exp\left[-\frac{\sum_{i=2}^{n-1} x_i^2}{2\sigma^2}\left(\rho - \frac{\sum_{i=2}^{n} x_i x_{i-1}}{\sum_{i=2}^{n-1} x_i^2}\right)^2\right] \quad (5.79)$$

と書き直されます.ρ の事前分布として -1 と 1 の間の一様分布

$$p(\rho) = \frac{1}{2}\mathbf{1}_{(-1,1)}(\rho) \quad (5.80)$$

を仮定します.ベイズの定理を (5.79) 式の尤度と (5.80) 式の事前分布に適用すると,事後分布は

$$p(\rho|D) \propto p(D|\rho)p(\rho)$$

$$\propto \sqrt{1-\rho^2} \exp\left[-\frac{\sum_{i=2}^{n-1} x_i^2}{2\sigma^2}\left(\rho - \frac{\sum_{i=2}^{n} x_i x_{i-1}}{\sum_{i=2}^{n-1} x_i^2}\right)^2\right] \mathbf{1}_{(-1,1)}(\rho)$$

(5.81)

5.7 メトロポリス-ヘイスティングズ・アルゴリズム

と求まります.

(5.81) 式の ρ の事後分布の平均や分散などは解析的に求まらないので, M-H アルゴリズムによる MCMC 法で計算することにしましょう. 異なる M-H アルゴリズムで結果に違いが出るかどうかをみるために, ρ の事後分布から酔歩連鎖, 独立連鎖, 棄却サンプリング連鎖でモンテカルロ標本を生成します. ここで説明する数値例では, 図 5.2 上段右に図示されている $\rho = 0.9$ の場合の AR(1) 過程に従う 500 個のデータを使用します. これは擬似乱数を使って生成した人工的なデータです. このデータは σ^2 を $1 - 0.9^2 = 0.19$ に設定して生成されているので, $\sigma^2 = 0.19$ が既知であるものとして M-H アルゴリズムの適用を行います.

M-H アルゴリズムでは提案分布の選択が重要です. この例では事後分布 (5.81) が正規分布

$$\mathcal{N}\left(\frac{\sum_{i=2}^{n} x_i x_{i-1}}{\sum_{i=2}^{n-1} x_i^2}, \frac{\sigma^2}{\sum_{i=2}^{n-1} x_i^2}\right) \tag{5.82}$$

のカーネルに $\sqrt{1-\rho^2}\mathbf{1}_{(-1,1)}(\rho)$ をかけた形をしているので, 事後分布 (5.81) は正規分布 (5.82) に似た形をしているだろうと予想されます. そこで, 正規分布 (5.82) に基づいて提案分布を作ることにします.

(1) 酔歩連鎖の提案分布

酔歩連鎖では, (5.67) 式の τ を正規分布 (5.82) の標準偏差に正の値 c をかけたもの $\tau = c\sqrt{\sigma^2/\sum_{i=2}^{n-1} x_i^2}$ とします. この例では $c = 2$ に設定すると採択確率がほぼ 0.5 になりました.

(2) 独立連鎖の提案分布

独立連鎖では正規分布 (5.82) をそのまま提案分布として使いました.

(3) 棄却サンプリング連鎖の提案分布

棄却サンプリング連鎖でも正規分布 (5.82) を提案分布として使い, (5.69) 式の K を 0.5 に設定しました.

ρ の値のとりうる範囲は -1 と 1 の間の実数ですから, M-H アルゴリズムでは提案分布から $(-1, 1)$ の外の値が出たら採択確率をゼロにするようにします.

M-H アルゴリズムに限らずマルコフ連鎖サンプリング法で乱数列を生成する

と，必ず自己相関が現れます．これ自体は避けられませんし，自己相関があったとしても問題なく大数の法則が使える場合が多いです．しかし，あまりに強い自己相関があるとモンテカルロ近似の精度がなかなか向上しなくなるので，乱数列から何個か飛ばしに乱数を取り出したものをモンテカルロ標本に使うこともあります．マルコフ連鎖サンプリング法の乱数列において，かなり前に生成した乱数との自己相関は直近に生成した乱数との自己相関よりも小さくなる傾向がみられます．この性質によって，乱数を取り出す間隔をあけるとモンテカルロ標本内の自己相関が弱くなるのです．しかし，あまり間隔をあけすぎると，今度は相当多くの乱数を生成しないと十分な大きさのモンテカルロ標本を生成できなくなります．例えば，100個飛ばしで乱数を取り出す場合，大きさ10万のモンテカルロ標本を生成するためには10万×100=1,000万回も乱数を生成しなければなりません．AR(1)過程の数値例では酔歩連鎖と独立連鎖に正の自己相関がみられたので，10個飛ばしに乱数を取り出すことにしました．棄却サンプリング連鎖には自己相関がほとんどみられなかったので，そのまま乱数列を使っています．

以上説明した設定で3つのM-Hアルゴリズムを用い，バーンインの乱数生成を100回行った後で大きさ10万のモンテカルロ標本を単一連鎖法で生成しました．酔歩連鎖と独立連鎖では，100万回乱数を生成して10個飛ばしに乱数を取り出しています．図5.8の上段には生成されたモンテカルロ標本の時系列プロット，下段にはヒストグラムが示されています．表5.5に事後統計量（平均，標準偏差，中央値，95% HPD区間）と全体の採択確率（提案分布から生成された乱数のうちで採択されたものの割合）がまとめられています．図5.8や表5.5をみると，異なる3つのM-Hアルゴリズムで生成されたモンテカルロ標本を使っているにもかかわらず，ほぼ同じ結果が得られていることがわかります．これは同じ事後分布 (5.81) を不変分布に持つM-Hアルゴリズムを使っているからです．

最後に，$p(\theta)$が2次元以上の同時確率分布$p(\theta_1,\ldots,\theta_k)$である場合への拡張を考えましょう．2次元以上の同時確率分布に対しては，候補$\tilde{\theta}=(\tilde{\theta}_1,\ldots,\tilde{\theta}_k)$を一括して推移核$q(\theta^{(r-1)},\tilde{\theta})$から生成し，それにM-Hアルゴリズムを適用することもできます．しかし，この場合は$\tilde{\theta}$を一括して採択するかすべて棄却する

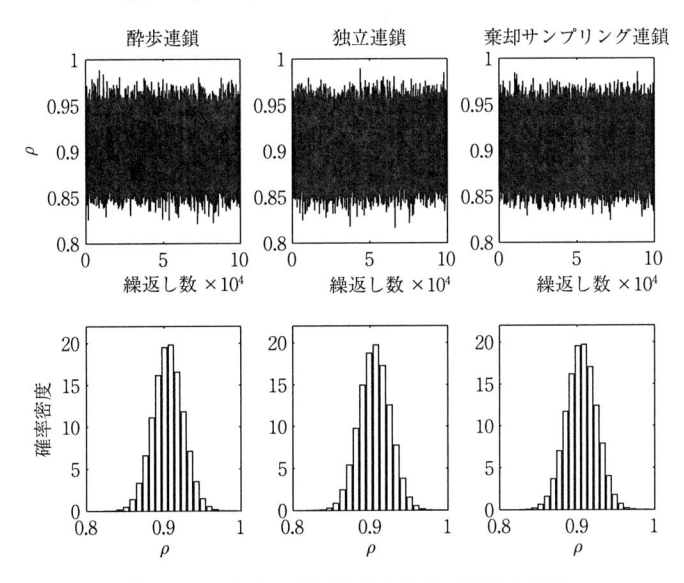

5.7 メトロポリス-ヘイスティングズ・アルゴリズム

図 5.8 M-H アルゴリズムによるモンテカルロ標本

表 5.5 M-H アルゴリズムによる事後統計量

	平　均	標準偏差	中央値	95% HPD 区間	採択確率
酔歩連鎖	0.9053	0.0198	0.9054	[0.8667, 0.9444]	0.4958
独立連鎖	0.9053	0.0199	0.9053	[0.8672, 0.9449]	0.9405
棄サ連鎖	0.9053	0.0198	0.9053	[0.8666, 0.9442]	0.9993

かの選択肢しかありません．そのため k が大きくなると，乱数列 $\{\theta^{(r)}\}_{r=1}^{\infty}$ で同じ値が長く続くことになり，M-H アルゴリズムの不変分布への収束が遅くなることが知られています．そこで，代わりに個々の変数あるいはブロックごとに M-H アルゴリズムを適用することを考えましょう．そうすれば，$(\tilde{\theta}_1, \ldots, \tilde{\theta}_k)$ の中の少なくとも 1 つくらいは採択されるかもしれないので，$\theta^{(r-1)}$ と $\theta^{(r)}$ ですべての要素が一致しているという事態を避けられる可能性が高くなるでしょう．変数あるいはブロックごとの M-H アルゴリズムは次のように定義されます．

―― 変数あるいはブロックごとの M-H アルゴリズム ――

ステップ 1 $(\theta_1, \ldots, \theta_k)$ の初期値 $(\theta_1^{(1)}, \ldots, \theta_k^{(1)})$ を決める

ステップ 2 $q(\theta_j|\theta_1^{(r)}, \ldots, \theta_{j-1}^{(r)}, \theta_{j+1}^{(r-1)}, \ldots, \theta_k^{(r-1)})$ から $\tilde{\theta}_j$ を生成

ステップ 3 採択確率を計算する

$$\alpha_j = \min\left\{\frac{\dfrac{p(\tilde{\theta}_j|\theta_1^{(r)}, \ldots, \theta_{j-1}^{(r)}, \theta_{j+1}^{(r-1)}, \ldots, \theta_k^{(r-1)})}{q(\tilde{\theta}_j|\theta_1^{(r)}, \ldots, \theta_{j-1}^{(r)}, \theta_{j+1}^{(r-1)}, \ldots, \theta_k^{(r-1)})}}{\dfrac{p(\theta_j^{(r-1)}|\theta_1^{(r)}, \ldots, \theta_{j-1}^{(r)}, \theta_{j+1}^{(r-1)}, \ldots, \theta_k^{(r-1)})}{q(\theta_j^{(r-1)}|\theta_1^{(r)}, \ldots, \theta_{j-1}^{(r)}, \theta_{j+1}^{(r-1)}, \ldots, \theta_k^{(r-1)})}}, 1\right\}$$

ステップ 4 0 と 1 の間の一様乱数 U を生成する

ステップ 5 $\theta_j^{(r)}$ を以下のように決定する

$$\theta_j^{(r)} = \begin{cases} \tilde{\theta}_j & (U \leq \alpha_j \text{ のとき}) \\ \theta_j^{(r-1)} & (U > \alpha_j \text{ のとき}) \end{cases}$$

この M-H アルゴリズムの提案分布は

$$q(\theta_j|\theta_1, \ldots, \theta_{j-1}, \theta_{j+1}, \ldots, \theta_k), \quad (j = 1, \ldots, k) \tag{5.83}$$

です．(5.83) 式でおのおのの θ_j は単一の変数でも変数のブロックでもかまいません．そして，当たり前のことですが (5.83) 式の提案分布からは θ_j の乱数生成が容易であると仮定します．もし

$$\begin{aligned}&p(\theta_j|\theta_1, \ldots, \theta_{j-1}, \theta_{j+1}, \ldots, \theta_k) \\&= q(\theta_j|\theta_1, \ldots, \theta_{j-1}, \theta_{j+1}, \ldots, \theta_k), \quad (j = 1, \ldots, k)\end{aligned} \tag{5.84}$$

が成り立つのであれば採択確率 α_j は 1 に等しくなるので，この M-H アルゴリズムはギブズ・サンプラーになります．

(5.83) 式の各条件付分布は，ギブズ・サンプラーと異なり同一の同時分布 $q(\theta_1, \ldots, \theta_k)$ から作られたものでなくてもかまいません．さらに条件に他のすべての変数を入れておく必要もありません．全く他の変数に依存しない場合さえ許容されます．以上のような理由で (5.83) 式の提案分布の選択をかなり柔軟に

行うことができます.例えば,すべてのθ_jに対してではなく一部のθ_jに対して(5.84)式が成り立っている場合には,そのようなθ_jだけにギブズ・サンプラーを適用し,それ以外にはM-Hアルゴリズムを適用するということもできます.また,変数やブロックごとに酔歩連鎖や独立連鎖などの異なるM-Hアルゴリズムを混ぜて適用することもできます.さらにデータ拡大法を組み込むことも可能です.このように変数あるいはブロックごとにギブズ・サンプラー,データ拡大法,M-Hアルゴリズムなどの様々なマルコフ連鎖サンプリング法を組み合わせて使用するMCMC法を**複合MCMC法 (hybrid Markov chain Monte Carlo method)** と呼んだりします.実際の応用事例で使われるMCMC法の多くが複合MCMC法に分類されます.MCMC法の応用では,採択確率,乱数列の自己相関,計算時間などを比べながら最適なサンプリング法の組合わせをみつけて使うようにしましょう.

5.8 ま と め

本章では,ベイズ分析を進めるうえで必要不可欠な数値計算を効率的に行う方法としてMCMC法を紹介しました.MCMC法はモンテカルロ法の一種であり,マルコフ連鎖サンプリング法と呼ばれる乱数生成法を駆使してパラメータの事後分布からモンテカルロ標本を生成し計算に使うという特徴があります.マルコフ連鎖サンプリング法には,パラメータの事後分布を不変分布に持つマルコフ連鎖の作り方に応じて,ギブズ・サンプラー,データ拡大法,M-Hアルゴリズムなどの様々なバリエーションが存在します.さらに複数のマルコフ連鎖サンプリング法を組み合わせて使うことも可能であり,数多くのモデルに適用できる柔軟性を備えています.MCMC法は,その全貌を少ない紙数では紹介しきれません.本章を読んでMCMC法について興味を持った読者の皆さんには巻末にあげた文献を一読することをお勧めします.

> キーワード：モンテカルロ法，マルコフ連鎖，推移核，不変分布，マルコフ連鎖サンプリング法，マルコフ連鎖モンテカルロ法，ギブズ・サンプラー，データ拡大法，メトロポリス–ヘイスティングズ・アルゴリズム

練 習 問 題

1. 正規分布 $\mathcal{N}(\mu, \sigma^2)$ は実数をとる確率分布ですが，それのとりうる範囲を限定した分布を**切断正規分布 (truncated normal distribution)** といいます．例えば，$x > a$ にとる範囲を限定したときの切断正規分布の確率密度関数は

$$p(x|\mu, \sigma^2, a) = \frac{1}{\sqrt{2\pi\sigma^2}\{1 - \Phi(\alpha)\}} \exp\left[-\frac{(x-\mu)^2}{2\sigma^2}\right], \quad \alpha = \frac{a-\mu}{\sigma} \tag{5.85}$$

となります．$\Phi(\alpha)$ は標準正規分布の累積分布関数です．

a) 標準正規分布 $\mathcal{N}(0,1)$ のとりうる範囲を (5.85) 式の α を超える領域に限定した切断正規分布

$$p(z|\alpha) = \frac{1}{\sqrt{2\pi}\{1 - \Phi(\alpha)\}} \exp\left(-\frac{z^2}{2}\right) \tag{5.86}$$

を考えましょう．(5.86) 式の切断正規分布から生成した乱数を Z とすると，$X = \mu + \sigma Z$ と変換した乱数 X が (5.85) 式の切断正規分布に従うことを示しましょう．

b) 逆変換法によって (5.86) 式の切断正規分布から乱数を生成する手順を示しましょう．

c) 指数分布 $p(z|\lambda, \alpha) = \lambda e^{-\lambda(z-\alpha)}$ を提案分布に使用した採択棄却法で切断正規分布 (5.86) から乱数を生成する手順を示しましょう．

2. 前章の練習問題で単因子モデル

$$y_i = \alpha + \beta x_i + \epsilon_i, \quad \epsilon_i \sim \text{i.i.d.} \, \mathcal{N}(0, \sigma^2) \tag{5.87}$$

のベイズ分析を考察しましたが，そこでは誤差項の分散 σ^2 は既知であると仮定しました．しかし，σ^2 を未知のパラメータと考えるのが現実的です．そこで，ギブズ・サンプラーを使って $(\alpha, \beta, \sigma^2)$ のモンテカルロ標本を生成する方法を考えましょう．σ^2 の事前分布には逆ガンマ分布 $\mathcal{G}a^{-1}(\nu_0/2, \lambda_0/2)$ を使うことにします．α と β の事前分布は以前と同じです．

 a) α の条件付事後分布 $p(\alpha|\beta, \sigma^2, D)$ を求めましょう．
 b) β の条件付事後分布 $p(\beta|\alpha, \sigma^2, D)$ を求めましょう．
 c) σ^2 の条件付事後分布 $p(\sigma^2|\alpha, \beta, D)$ を求めましょう．
 d) a)～c)で求めた条件付事後分布を使って $(\alpha, \beta, \sigma^2)$ を同時事後分布 $p(\alpha, \beta, \sigma^2|D)$ から生成するギブズ・サンプラーを示しましょう．

3. 第 3 章では企業の破綻がベルヌーイ試行であると仮定していました．しかし，破綻しやすい企業もあれば破綻しにくい企業もあるはずなので，すべての企業が同じ破綻確率 π で破綻するというのは非現実的な仮定でしょう．個々の企業の破綻確率を説明するモデルの 1 つに**プロビット・モデル (probit model)** があります．最も簡単なプロビット・モデルは以下のように定義されます．

$$\begin{aligned}y_i &= \alpha + \beta x_i + \epsilon_i, \quad \epsilon_i \sim \text{i.i.d.}\, \mathcal{N}(0,1) \\ d_i &= \mathbf{1}_{(0,\infty)}(y_i)\end{aligned} \quad (5.88)$$

(5.88) 式の d_i は，第 i 企業 $(i=1,\ldots,n)$ が破綻すれば 1，破綻しなければ 0 をとる変数です．そして，$y_i > 0$ のときには $d_i = 1$ となり，$y_i \leq 0$ のときには $d_i = 0$ となります．つまり，(5.88) 式では y_i が 0 を超えるか超えないかで企業が破綻するかどうかが決まると考えています．

 a) (5.88) 式で第 i 企業が破綻する確率を求めましょう．
 b) データ $D = (d_1, \ldots, d_n)$ が与えられたときの尤度 $p(D|\alpha, \beta)$ を求めましょう．
 c) 観測されない確率変数 $\mathcal{Y} = (y_1, \ldots, y_n)$ が与えられたときの尤度 $p(D, \mathcal{Y}|\alpha, \beta)$ を求めましょう．
 d) データ拡大法で $(\alpha, \beta, \mathcal{Y})$ の乱数を生成する方法を示しましょう．

A
練習問題の解答

第 2 章

1. a) $P(B^c) = 1 - P(B) = 0.9$
b) $P(A \cap B) = P(A|B)P(B) = 0.01 \times 0.1 = 0.001$
c) $P(A \cap B^c) = P(A|B^c)P(B^c) = 0.001 \times 0.9 = 0.0009$
d) $P(A) = P(A \cap B) + P(A \cap B^c) = 0.0019$
e) $P(B|A) = P(A \cap B)/P(A) = 0.001/0.0019 = 10/19$

2. 「企業が融資を返済する」という事象を A,「企業が信頼できる」という事象を B と表記します.
a) $P(A^c) = P(A^c \cap B) + P(A^c \cap B^c) = 0.05 + 0.25 = 0.3$
b) $P(B) = P(B \cap A) + P(B \cap A^c) = 0.45 + 0.05 = 0.5$
c) $P(B^c|A^c) = P(A^c \cap B^c)/P(A^c) = 0.25/0.3 = 5/6$
d) $P(A^c|B^c) = P(A^c \cap B^c)/P(B^c) = 0.25/0.5 = 0.5$

第 3 章

1. a) ベータ分布 $\mathcal{B}e(\alpha_0, \beta_0)$ で $\alpha_0 = \beta_0 = 1$ とおくと,

$$p(\pi) = \frac{\pi^{1-1}(1-\pi)^{1-1}}{B(1,1)}\mathbf{1}_{(0,1)}(\pi) = \mathbf{1}_{(0,1)}(\pi)$$

となります ($B(1,1) = \int_0^1 dx = 1$ です). これは 0 と 1 の間の一様分布 (3.11) の確率密度関数です.

b) データが与えられたときの尤度は (3.34) 式です. ベルヌーイ試行の成功確率 π の事前分布として (3.92) 式のベータ分布 $\mathcal{B}e(\alpha_0, \beta_0)$ と使うと, π の事後分布は, ベイズの定理を使って

$$p(\pi|D) \propto p(D|\pi)p(\pi)$$
$$\propto \pi^{y_n}(1-\pi)^{n-y_n} \times \pi^{\alpha_0-1}(1-\pi)^{\beta_0-1}$$
$$\propto \pi^{\hat{\alpha}-1}(1-\pi)^{\hat{\beta}-1}, \quad \hat{\alpha} = y_n + \alpha_0, \quad \hat{\beta} = n - y_n + \beta_0$$

と求まります.これはベータ分布 $\mathcal{B}e(\hat{\alpha},\hat{\beta})$ です.

c) b)で求めた π の事後分布 $\mathcal{B}e(\hat{\alpha},\hat{\beta})$ を使って予測分布 $p(\tilde{x}|D)$ を求めましょう.将来のベルヌーイ試行の実現値 $\tilde{x}$ は,(3.3) 式で決定されます.よって,予測分布は

$$p(\tilde{x}|D) = \mathrm{E}_{p(\pi|D)}[p(\tilde{x}|\pi)]$$
$$= \int_0^1 \pi^{\tilde{x}}(1-\pi)^{1-\tilde{x}} \frac{\pi^{\hat{\alpha}-1}(1-\pi)^{\hat{\beta}-1}}{B(\hat{\alpha},\hat{\beta})} d\pi$$
$$= \frac{\int_0^1 \pi^{\tilde{x}+\hat{\alpha}-1}(1-\pi)^{\hat{\beta}-\tilde{x}} d\pi}{B(\hat{\alpha},\hat{\beta})} = \frac{B(\tilde{x}+\hat{\alpha},\hat{\beta}+1-\tilde{x})}{B(\hat{\alpha},\hat{\beta})}$$

と求まります.ガンマ関数の性質より

$$B(\hat{\alpha}+1,\hat{\beta}) = \frac{\Gamma(\hat{\alpha}+1)\Gamma(\hat{\beta})}{\Gamma(\hat{\alpha}+1+\hat{\beta})} = \frac{\hat{\alpha}\Gamma(\hat{\alpha})\Gamma(\hat{\beta})}{(\hat{\alpha}+\hat{\beta})\Gamma(\hat{\alpha}+\hat{\beta})}$$
$$= \frac{\hat{\alpha}}{\hat{\alpha}+\hat{\beta}} B(\hat{\alpha},\hat{\beta})$$

および

$$B(\hat{\alpha},\hat{\beta}+1) = \frac{\Gamma(\hat{\alpha})\Gamma(\hat{\beta}+1)}{\Gamma(\hat{\alpha}+\hat{\beta}+1)} = \frac{\Gamma(\hat{\alpha})\hat{\beta}\Gamma(\hat{\beta})}{(\hat{\alpha}+\hat{\beta})\Gamma(\hat{\alpha}+\hat{\beta})}$$
$$= \frac{\hat{\beta}}{\hat{\alpha}+\hat{\beta}} B(\hat{\alpha},\hat{\beta})$$

であることを使うと,

$$\frac{B(\tilde{x}+\hat{\alpha},\hat{\beta}+1-\tilde{x})}{B(\hat{\alpha},\hat{\beta})} = \begin{cases} \hat{\alpha}/(\hat{\alpha}+\hat{\beta}) & (\tilde{x}=1) \\ \hat{\beta}/(\hat{\alpha}+\hat{\beta}) & (\tilde{x}=0) \end{cases}$$

であることがわかります.したがって,予測分布は

$$p(\tilde{x}|D) = \hat{\pi}^{\tilde{x}}(1-\hat{\pi})^{1-\tilde{x}}, \qquad \hat{\pi} = \frac{\hat{\alpha}}{\hat{\alpha}+\hat{\beta}}$$

というベルヌーイ分布となります．

2. a) 尤度は

$$p(D|\lambda) = \prod_{i=1}^{n} \frac{\lambda^{x_i} e^{-\lambda}}{x_i!} = \frac{\lambda^{\sum_{i=1}^{n} x_i} e^{-n\lambda}}{\prod_{i=1}^{n} x_i!} \propto \lambda^{y_n} e^{-n\lambda}, \quad y_n = \sum_{i=1}^{n} x_i$$

です．

b) λ の事後分布は

$$p(\lambda|D) \propto p(D|\lambda)p(\lambda)$$
$$\propto \lambda^{y_n} e^{-n\lambda} \times \lambda^{\alpha_0 - 1} e^{-\beta_0 \lambda}$$
$$\propto \lambda^{\hat{\alpha}-1} e^{-\hat{\beta}\lambda}, \quad \hat{\alpha} = y_n + \alpha_0, \quad \hat{\beta} = n + \beta_0$$

となります．これはガンマ分布 $\mathcal{G}a(\hat{\alpha}, \hat{\beta})$ です．

c) 予測分布 $p(\tilde{x}|D)$ は

$$p(\tilde{x}|D) = \mathrm{E}_{p(\lambda|D)}[p(\tilde{x}|\lambda)] = \int_0^\infty \frac{\lambda^{\tilde{x}} e^{-\lambda}}{\tilde{x}!} \frac{\hat{\beta}^{\hat{\alpha}}}{\Gamma(\hat{\alpha})} \lambda^{\hat{\alpha}-1} e^{-\hat{\beta}\lambda} d\lambda$$
$$= \frac{1}{\tilde{x}!} \frac{\hat{\beta}^{\hat{\alpha}}}{\Gamma(\hat{\alpha})} \int_0^\infty \lambda^{\tilde{x}+\hat{\alpha}-1} e^{-(\hat{\beta}+1)\lambda} d\lambda$$
$$= \frac{\Gamma(\tilde{x}+\hat{\alpha})}{\tilde{x}!\Gamma(\hat{\alpha})} \frac{\hat{\beta}^{\hat{\alpha}}}{(\hat{\beta}+1)^{\tilde{x}+\hat{\alpha}}}$$

と求まります．特に，$\hat{\alpha}$ が自然数である場合は

$$\frac{\Gamma(\tilde{x}+\hat{\alpha})}{\tilde{x}!\Gamma(\hat{\alpha})} = \frac{(\tilde{x}+\hat{\alpha}-1)!}{\tilde{x}!(\hat{\alpha}-1)!} = \binom{\tilde{x}+\hat{\alpha}-1}{\hat{\alpha}-1}$$

と書き直されるので，$p(\tilde{x}|D)$ は

$$p(\tilde{x}|D) = \binom{\tilde{x}+\hat{\alpha}-1}{\hat{\alpha}-1} \left(\frac{\hat{\beta}}{\hat{\beta}+1}\right)^{\hat{\alpha}} \left(\frac{1}{\hat{\beta}+1}\right)^{\tilde{x}}, \; (\tilde{x}=0,1,\dots)$$

とまとめられます．これは負の二項分布と呼ばれる確率分布です．

3. a) 尤度は

$$p(D|\lambda) = \prod_{i=1}^{n} \lambda e^{-\lambda x_i} = \lambda^n e^{-\lambda \sum_{i=1}^{n} x_i} = \lambda^n e^{-\lambda y_n}, \quad y_n = \sum_{i=1}^{n} x_i$$

です.

b) λ の事後分布は

$$\begin{aligned} p(\lambda|\boldsymbol{x}) &\propto p(D|\lambda)p(\lambda) \\ &\propto \lambda^n e^{-\lambda y_n} \times \lambda^{\alpha_0-1} e^{-\beta_0 \lambda} \\ &\propto \lambda^{\hat{\alpha}-1} e^{-\hat{\beta}\lambda}, \quad \hat{\alpha} = n + \alpha_0, \quad \hat{\beta} = y_n + \beta_0 \end{aligned}$$

となります. これはガンマ分布 $\mathcal{G}a(\hat{\alpha}, \hat{\beta})$ です.

c) 予測分布 $p(\tilde{x}|D)$ は

$$\begin{aligned} p(\tilde{x}|\boldsymbol{x}) &= \int_0^\infty \frac{\hat{\beta}^{\hat{\alpha}}}{\Gamma(\hat{\alpha})} \lambda e^{-\lambda \tilde{x}} \lambda^{\hat{\alpha}-1} e^{-\hat{\beta}\lambda} d\lambda \\ &= \frac{\hat{\beta}^{\hat{\alpha}}}{\Gamma(\hat{\alpha})} \int_0^\infty \lambda^{\hat{\alpha}} e^{-(\hat{\beta}+\tilde{x})\lambda} d\lambda \\ &= \frac{\hat{\beta}^{\hat{\alpha}}}{\Gamma(\hat{\alpha})} \frac{\Gamma(\hat{\alpha}+1)}{(\hat{\beta}+\tilde{x})^{\hat{\alpha}+1}} = \frac{\hat{\beta}^{\hat{\alpha}}}{\Gamma(\hat{\alpha})} \frac{\hat{\alpha}\Gamma(\hat{\alpha})}{(\hat{\beta}+\tilde{x})^{\hat{\alpha}+1}} \\ &= \hat{\alpha}\hat{\beta}^{\hat{\alpha}} (\hat{\beta}+\tilde{x})^{-(\hat{\alpha}+1)} \end{aligned}$$

と求まります. これはパレート分布と呼ばれる確率分布です.

第 4 章

1. a) 収益率 x_i は $\mathcal{N}(\mu, \sigma_i^2)$ の実現値なので, 尤度 $p(D|\mu)$ は

$$\begin{aligned} p(D|\mu) &= \prod_{i=1}^{n} \frac{1}{\sqrt{2\pi\sigma_i^2}} \exp\left[-\frac{(x_i-\mu)^2}{2\sigma_i^2}\right] \\ &\propto \exp\left[-\frac{\sum_{i=1}^{n} \sigma_i^{-2}(x_i-\mu)^2}{2}\right] \end{aligned}$$

となります. 平方完成を使うと

A. 練習問題の解答

$$\sum_{i=1}^{n} \sigma_i^{-2}(x_i - \mu)^2 = \mu^2 \sum_{i=1}^{n} \sigma_i^{-2} - 2\mu \sum_{i=1}^{n} \sigma_i^{-2} x_i + \sum_{i=1}^{n} \sigma_i^{-2} x_i^2$$

$$= \sum_{i=1}^{n} \sigma_i^{-2} \left(\mu - \frac{\sum_{i=1}^{n} \sigma_i^{-2} x_i}{\sum_{i=1}^{n} \sigma_i^{-2}} \right)^2 + 定数$$

となるので，尤度 $p(D|\mu)$ は

$$p(D|\mu) \propto \exp\left[-\frac{\sum_{i=1}^{n} \sigma_i^{-2}}{2} \left(\mu - \frac{\sum_{i=1}^{n} \sigma_i^{-2} x_i}{\sum_{i=1}^{n} \sigma_i^{-2}} \right)^2 \right]$$

と書き直されます．

b) 表記を簡単にするために

$$\bar{x}_w = \frac{\sum_{i=1}^{n} \sigma_i^{-2} x_i}{\sum_{i=1}^{n} \sigma_i^{-2}}, \qquad \bar{\sigma}_w^2 = \frac{1}{(1/n)\sum_{i=1}^{n} \sigma_i^{-2}}$$

と定義しましょう．$\bar{x}_w$ は $(x_1, \ldots, x_n)$ の加重平均，$\bar{\sigma}_w^2$ は $(\sigma_1^2, \ldots, \sigma_n^2)$ の調和平均です．すると，尤度 $p(D|\mu)$ は

$$p(D|\mu) \propto \exp\left[-\frac{n(\mu - \bar{x}_w)^2}{2\bar{\sigma}_w^2} \right]$$

と簡単になります．例によってベイズの定理と平方完成を使うと，μ の事後分布 $p(\mu|D)$ は

$$p(\mu|D) \propto p(D|\mu)p(\mu)$$
$$\propto \exp\left[-\frac{n\bar{\sigma}_w^{-2}(\mu - \bar{x}_w)^2 + \tau_0^2(\mu - \mu_0)^2}{2} \right]$$
$$\propto \exp\left[-\frac{n\bar{\sigma}_w^{-2} + \tau_0^{-2}}{2} \left(\mu - \frac{n\bar{\sigma}_w^{-2}\bar{x}_w + \tau_0^{-2}\mu_0}{n\bar{\sigma}_w^{-2} + \tau_0^{-2}} \right)^2 \right]$$

と求まります．これは正規分布

$$\mu | x_1, \ldots, x_n \sim \mathcal{N}\left(\frac{n\bar{\sigma}_w^{-2}\bar{x}_w + \tau_0^{-2}\mu_0}{n\bar{\sigma}_w^{-2} + \tau_0^{-2}}, \frac{1}{n\bar{\sigma}_w^{-2} + \tau_0^{-2}} \right)$$

です．

c) b) で求めた μ の事後分布は，平均と分散が異なるだけの (4.16) 式の事後分布と同じ正規分布です．したがって，(4.17) 式の μ_n, τ_n^2, σ^2 を置き換えるだけで，将来の収益率 $\tilde{x}$ の予測分布は

$$\tilde{x}|x_1,\ldots,x_n \sim \mathcal{N}\left(\frac{n\bar{\sigma}_w^{-2}\bar{x}_w + \tau_0^{-2}\mu_0}{n\bar{\sigma}_w^{-2} + \tau_0^{-2}}, \tilde{\sigma}^2 + \frac{1}{n\bar{\sigma}_w^{-2} + \tau_0^{-2}}\right)$$

と求まります．

2. a) $y_i - \hat{\alpha} - \hat{\beta}x_i$ は最小 2 乗法では残差と呼ばれます．残差の重要な性質に

$$\sum_{i=1}^n (y_i - \hat{\alpha} - \hat{\beta}x_i) = 0, \qquad \sum_{i=1}^n x_i(y_i - \hat{\alpha} - \hat{\beta}x_i) = 0$$

があります．これと $\sum_{i=1}^n x_i = 0$ であることを使うと，

$$\sum_{i=1}^n (y_i - \alpha - \beta x_i)^2$$
$$= \sum_{i=1}^n (y_i - \alpha - \beta x_i - \hat{\alpha} + \hat{\alpha} - \hat{\beta}x_i + \hat{\beta}x_i)^2$$
$$= \sum_{i=1}^n \{\hat{\alpha} - \alpha + x_i(\hat{\beta} - \beta) + y_i - \hat{\alpha} - \hat{\beta}x_i\}^2$$
$$= \sum_{i=1}^n (\alpha - \hat{\alpha})^2 + \sum_{i=1}^n x_i^2(\beta - \hat{\beta})^2 + \sum_{i=1}^n (y_i - \hat{\alpha} - \hat{\beta}x_i)^2$$
$$+ 2(\alpha - \hat{\alpha})(\beta - \hat{\beta})\sum_{i=1}^n x_i + 2(\alpha - \hat{\alpha})\sum_{i=1}^n (y_i - \hat{\alpha} - \hat{\beta}x_i)$$
$$+ 2(\beta - \hat{\beta})\sum_{i=1}^n x_i(y_i - \hat{\alpha} - \hat{\beta}x_i)$$
$$= n(\alpha - \hat{\alpha})^2 + \sum_{i=1}^n x_i^2(\beta - \hat{\beta})^2 + \sum_{i=1}^n (y_i - \hat{\alpha} - \hat{\beta}x_i)^2$$

が証明できます．

b) y_i の分布は

$$y_i|x_i, \alpha, \beta \sim \mathcal{N}(\alpha + \beta x_i, \sigma^2)$$

なので，尤度 $p(D|\alpha,\beta)$ は

$$p(D|\alpha,\beta) = \prod_{i=1}^{n} \frac{1}{\sqrt{2\pi\sigma^2}} \exp\left[-\frac{(y_i - \alpha - \beta x_i)^2}{2\sigma^2}\right]$$

$$\propto \exp\left[-\frac{\sum_{i=1}^{n}(y_i - \alpha - \beta x_i)^2}{2\sigma^2}\right]$$

$$\propto \exp\left[-\frac{n(\alpha - \hat{\alpha})^2 + \sum_{i=1}^{n} x_i^2(\beta - \hat{\beta})^2}{2\sigma^2}\right]$$

となります（尤度 $p(D|\alpha,\beta)$ では (α,β) に依存していない部分は無視しています）．

c) 尤度 $p(D|\alpha,\beta)$ で α に依存している部分は $\mathcal{N}(\hat{\alpha}, \sigma^2/n)$ のカーネルになっています．したがって，$\mathcal{N}(\mu_\alpha, \tau_\alpha^2)$ を事前分布に使ったときの α の事後分布は

$$\alpha|D \sim \mathcal{N}\left(\frac{n\sigma^{-2}\hat{\alpha} + \tau_\alpha^{-2}\mu_\alpha}{n\sigma^{-2} + \tau_\alpha^{-2}}, \frac{1}{n\sigma^{-2} + \tau_\alpha^{-2}}\right)$$

という正規分布になります．

d) 尤度 $p(D|\alpha,\beta)$ で β に依存している部分は $\mathcal{N}(\hat{\beta}, \sigma^2/\sum_{i=1}^{n} x_i^2)$ のカーネルになっています．したがって，$\mathcal{N}(\mu_\beta, \tau_\beta^2)$ を事前分布に使ったときの β の事後分布は

$$\beta|D \sim \mathcal{N}\left(\frac{\sum_{i=1}^{n} x_i^2 \sigma^{-2}\hat{\beta} + \tau_\beta^{-2}\mu_\beta}{\sum_{i=1}^{n} x_i^2 \sigma^{-2} + \tau_\beta^{-2}}, \frac{1}{\sum_{i=1}^{n} x_i^2 \sigma^{-2} + \tau_\beta^{-2}}\right)$$

という正規分布になります．

e) 表記を簡単にするために，

$$\hat{\mu}_\alpha = \frac{n\sigma^{-2}\hat{\alpha} + \tau_\alpha^{-2}\mu_\alpha}{n\sigma^{-2} + \tau_\alpha^{-2}}, \qquad \hat{\sigma}_\alpha^2 = \frac{1}{n\sigma^{-2} + \tau_\alpha^{-2}}$$

$$\hat{\mu}_\beta = \frac{\sum_{i=1}^{n} x_i^2 \sigma^{-2}\hat{\beta} + \tau_\beta^{-2}\mu_\beta}{\sum_{i=1}^{n} x_i^2 \sigma^{-2} + \tau_\beta^{-2}}, \qquad \hat{\sigma}_\beta^2 = \frac{1}{\sum_{i=1}^{n} x_i^2 \sigma^{-2} + \tau_\beta^{-2}}$$

としましょう．平方完成を繰り返し適用すると，

A. 練習問題の解答

$$\sigma^{-2}(\tilde{y}-\alpha-\beta\tilde{x})^2 + \hat{\sigma}_\alpha^{-2}(\alpha-\hat{\mu}_\alpha)^2 + \hat{\sigma}_\beta^{-2}(\beta-\hat{\mu}_\beta)^2$$

$$= \frac{(\tilde{y}-\alpha-\hat{\mu}_\beta\tilde{x})^2}{\sigma^2+\hat{\sigma}_\beta^2\tilde{x}^2} + \bar{\sigma}_\beta^{-2}(\beta-\bar{\mu}_\beta)^2 + \hat{\sigma}_\alpha^{-2}(\alpha-\hat{\mu}_\alpha)^2$$

$$= \frac{(\tilde{y}-\hat{\mu}_\alpha-\hat{\mu}_\beta\tilde{x})^2}{\sigma^2+\hat{\sigma}_\alpha^2+\hat{\sigma}_\beta^2\tilde{x}^2} + \bar{\sigma}_\beta^{-2}(\beta-\bar{\mu}_\beta)^2 + \bar{\sigma}_\alpha^{-2}(\alpha-\bar{\mu}_\alpha)^2$$

$$\bar{\mu}_\alpha = \frac{(\sigma^2+\hat{\sigma}_\beta^2\tilde{x}^2)^{-1}(\tilde{y}-\hat{\mu}_\beta\tilde{x}) + \hat{\sigma}_\alpha^{-2}\hat{\mu}_\alpha}{(\sigma^2+\hat{\sigma}_\beta^2\tilde{x}^2)^{-1} + \hat{\sigma}_\alpha^{-2}}$$

$$\bar{\mu}_\beta = \frac{\sigma^{-2}\tilde{x}(\tilde{y}-\alpha) + \hat{\sigma}_\beta^{-2}\hat{\mu}_\beta}{\sigma^{-2}\tilde{x}^2 + \hat{\sigma}_\beta^{-2}}$$

$$\bar{\sigma}_\alpha^2 = \frac{1}{(\sigma^2+\hat{\sigma}_\beta^2\tilde{x}^2)^{-1}+\hat{\sigma}_\alpha^{-2}}, \qquad \bar{\sigma}_\beta^2 = \frac{1}{\sigma^{-2}\tilde{x}^2+\hat{\sigma}_\beta^{-2}}$$

となります．これを使うと，$\tilde{x}$ が与えられたときの将来の超過収益率 $\tilde{y}$ の予測分布 $p(\tilde{y}|\tilde{x},D)$ は

$$p(\tilde{y}|\tilde{x},D)$$
$$= \int_{-\infty}^{\infty}\int_{-\infty}^{\infty} p(\tilde{y}|\tilde{x},\alpha,\beta)p(\alpha,\beta|D)d\beta d\alpha$$
$$= \int_{-\infty}^{\infty}\int_{-\infty}^{\infty} \frac{1}{\sqrt{(2\pi)^3\sigma^2\hat{\sigma}_\alpha^2\hat{\sigma}_\beta^2}}$$
$$\times \exp\left[-\frac{(\tilde{y}-\alpha-\beta\tilde{x})^2}{2\sigma^2} - \frac{(\alpha-\hat{\mu}_\alpha)^2}{2\hat{\sigma}_\alpha^2} - \frac{(\beta-\hat{\mu}_\beta)^2}{2\hat{\sigma}_\beta^2}\right]d\beta d\alpha$$
$$= \frac{1}{\sqrt{2\pi(\sigma^2+\hat{\sigma}_\alpha^2+\hat{\sigma}_\beta^2\tilde{x}^2)}}\exp\left[-\frac{(\tilde{y}-\hat{\mu}_\alpha-\hat{\mu}_\beta\tilde{x})^2}{2(\sigma^2+\hat{\sigma}_\alpha^2+\hat{\sigma}_\beta^2\tilde{x}^2)}\right]$$

と求まります．これは正規分布 $\mathcal{N}(\hat{\mu}_\alpha+\hat{\mu}_\beta\tilde{x}, \sigma^2+\hat{\sigma}_\alpha^2+\hat{\sigma}_\beta^2\tilde{x}^2)$ です．

f) 将来の超過収益率 $\tilde{y}$ の予測分布 $p(\tilde{y}|D)$ の平均は，繰り返し期待の法則により

$$\mathrm{E}_{p(\tilde{y}|D)}[\tilde{y}] = \mathrm{E}_{p(\tilde{x}|D)}[\mathrm{E}_{p(\tilde{y}|\tilde{x},D)}[\tilde{y}]] = \mathrm{E}_{p(\tilde{x}|D)}[\hat{\mu}_\alpha+\hat{\mu}_\beta\tilde{x}]$$
$$= \hat{\mu}_\alpha + \hat{\mu}_\beta\hat{\mu}_x$$

と求まります．一方，$p(\tilde{y}|D)$ の分散も条件付分散の公式を使うと

$$V_{p(\tilde{y}|D)}[\tilde{y}] = E_{p(\tilde{x}|D)}[V_{p(\tilde{y}|\tilde{x},D)}[\tilde{y}]] + V_{p(\tilde{x}|D)}[E_{p(\tilde{y}|\tilde{x},D)}[\tilde{y}]]$$
$$= E_{p(\tilde{x}|D)}[\sigma^2 + \hat{\sigma}_\alpha^2 + \hat{\sigma}_\beta^2 \tilde{x}^2] + V_{p(\tilde{x}|D)}[\hat{\mu}_\alpha + \hat{\mu}_\beta \tilde{x}]$$
$$= \sigma^2 + \hat{\sigma}_\alpha^2 + \hat{\sigma}_\beta^2 (\hat{\sigma}_x^2 + \hat{\mu}_x^2) + \hat{\mu}_\beta^2 \hat{\sigma}_x^2$$

と導出されます.

第 5 章

1. a) 次のような変数変換

$$z = f(x) = \frac{x - \mu}{\sigma}, \qquad \nabla f(x) = \frac{1}{\sigma}$$

を定義して (5.86) 式に変数変換の公式を適用すると,

$$p(f(x)|\alpha)\,|\nabla f(x)|$$
$$= \frac{1}{\sqrt{2\pi}\{1 - \Phi(\alpha)\}} \exp\left[-\frac{1}{2}\left(\frac{x-\mu}{\sigma}\right)^2\right]\left|\frac{1}{\sigma}\right|$$
$$= \frac{1}{\sqrt{2\pi\sigma^2}\{1 - \Phi(\alpha)\}} \exp\left[-\frac{(x-\mu)^2}{2\sigma^2}\right] = p(x|\mu, \sigma^2, a)$$

となります.

b) U を 0 と 1 の間の一様乱数とすると

$$V = \Phi(\alpha) + (1 - \Phi(\alpha))U$$

は $\Phi(\alpha)$ と 1 の間の一様乱数になります. 標準正規分布の累積分布関数の逆関数を $\Phi^{-1}(u)$ とすると,

$$Z = \Phi^{-1}(V)$$

と計算した Z は切断正規分布 (5.86) に従う乱数になります.

c) 目標分布は $p(z) = p(z|\alpha)$, 提案分布は $q(z) = \lambda e^{-\lambda(z-\alpha)}$ です. まず $p(z) \leq Kq(z)$ となる K を求めましょう. それは

$$\frac{p(z)}{q(z)} = \frac{1}{\sqrt{2\pi}\{1-\Phi(\alpha)\}\lambda} \exp\left[-\frac{z^2}{2} + \lambda(z-\alpha)\right]$$

$$= \frac{1}{\sqrt{2\pi}\{1-\Phi(\alpha)\}\lambda} \exp\left[-\frac{(z-\lambda)^2 - \lambda^2 + 2\lambda\alpha}{2}\right]$$

$$\leq \frac{1}{\sqrt{2\pi}\{1-\Phi(\alpha)\}\lambda} \exp\left[\frac{\lambda^2 - 2\lambda\alpha}{2}\right] = K$$

と求まります．すると，採択棄却法の採択確率は

$$\frac{p(z)}{Kq(z)} = \exp\left[-\frac{(z-\lambda)^2}{2}\right]$$

となります．この確率で提案分布 $q(z) = \lambda e^{-\lambda(z-\alpha)}$ から生成した乱数 Z を採択することで切断正規分布 (5.86) から乱数を生成することができます．

2. a) (β, σ^2) が与えられたときの α の条件付事後分布 $p(\alpha|\beta, \sigma^2, D)$ は，σ^2 が既知の場合の α の事後分布と同じ

$$\alpha|\beta, \sigma^2, D \sim \mathcal{N}\left(\frac{n\sigma^{-2}\hat{\alpha} + \tau_\alpha^{-2}\mu_\alpha}{n\sigma^{-2} + \tau_\alpha^{-2}}, \frac{1}{n\sigma^{-2} + \tau_\alpha^{-2}}\right)$$

です．

b) (α, σ^2) が与えられたときの β の条件付事後分布 $p(\beta|\alpha, \sigma^2, D)$ は，σ^2 が既知の場合の β の事後分布と同じ

$$\beta|\alpha, \sigma^2, D \sim \mathcal{N}\left(\frac{\sum_{i=1}^n x_i^2 \sigma^{-2}\hat{\beta} + \tau_\beta^{-2}\mu_\beta}{\sum_{i=1}^n x_i^2 \sigma^{-2} + \tau_\beta^{-2}}, \frac{1}{\sum_{i=1}^n x_i^2 \sigma^{-2} + \tau_\beta^{-2}}\right)$$

です．

c) (α, β) が与えられたときの σ^2 の条件付事後分布 $p(\sigma^2|\alpha, \beta, D)$ は，尤度 $p(D|\alpha, \beta, \sigma^2)$ が

$$p(D|\alpha, \beta, \sigma^2) = (2\pi\sigma^2)^{-n/2} \exp\left[-\frac{\sum_{i=1}^n (y_i - \alpha - \beta x_i)^2}{2\sigma^2}\right]$$

であることから，

$$\sigma^2|\alpha, \beta, D \sim \mathcal{G}a^{-1}\left(\frac{n+\nu_0}{2}, \frac{\sum_{i=1}^n (y_i - \alpha - \beta x_i)^2 + \lambda_0}{2}\right)$$

となります．

d) a)〜c) で求めた条件付事後分布を使って $(\alpha, \beta, \sigma^2)$ を同時事後分布 $p(\alpha, \beta, \sigma^2|D)$ から生成するギブズ・サンプラーは次のようになります．

ステップ 1 $(\alpha, \beta, \sigma^2)$ の初期値 $(\alpha^{(1)}, \beta^{(1)}, \sigma^{2(1)})$ を決める

ステップ 2 $p(\alpha|\beta^{(r-1)}, \sigma^{2(r-1)}, D)$ から $\alpha^{(r)}$ を生成する

ステップ 3 $p(\beta|\alpha^{(r)}, \sigma^{2(r-1)}, D)$ から $\beta^{(r)}$ を生成する

ステップ 4 $p(\sigma^2|\alpha^{(r)}, \beta^{(r)}, D)$ から $\sigma^{2(r)}$ を生成する

ステップ 5 収束したと判定されるまでステップ 2〜4 を繰り返す

3. a) y_i が正のとき第 i 企業は破綻するので，破綻確率は

$$\Pr\{y_i > 0\} = \Pr\{\alpha + \beta x_i + \epsilon_i > 0\}$$
$$= \Pr\{\alpha + \beta x_i > -\epsilon_i\}$$
$$= \int_{-\infty}^{\alpha + \beta x_i} \frac{1}{\sqrt{2\pi}} e^{-z^2/2} dz$$
$$= \Phi(\alpha + \beta x_i)$$

となります（標準正規分布は 0 を中心にして左右対称なので，ϵ_i が標準正規分布に従うときは $-\epsilon_i$ も標準正規分布に従います）．

b) 尤度 $p(D|\alpha, \beta)$ は

$$p(D|\alpha, \beta) = \prod_{i=1}^{n} \Phi(\alpha + \beta x_i)^{d_i} \{1 - \Phi(\alpha + \beta x_i)\}^{1-d_i}$$

です．

c) d_i が与えられたときの y_i の条件付確率分布が切断正規分布

$$p(y_i|\alpha, \beta, d_i) = \begin{cases} \dfrac{\exp\left[-\dfrac{(y_i - \alpha - \beta x_i)^2}{2}\right] \mathbf{1}_{(0,\infty)}(y_i)}{\sqrt{2\pi} \Phi(\alpha + \beta x_i)} & (d_i = 1) \\[2ex] \dfrac{\exp\left[-\dfrac{(y_i - \alpha - \beta x_i)^2}{2}\right] \mathbf{1}_{(-\infty,0]}(y_i)}{\sqrt{2\pi} \{1 - \Phi(\alpha + \beta x_i)\}} & (d_i = 0) \end{cases}$$

になることを使うと，尤度 $p(D, \mathcal{Y}|\alpha, \beta)$ は

$$p(D, \mathcal{Y}|\alpha, \beta)$$
$$\propto \prod_{i=1}^{n} \exp\left[-\frac{(y_i - \alpha - \beta x_i)^2}{2}\right] \mathbf{1}_{(0,\infty)}(y_i)^{d_i} \mathbf{1}_{(-\infty,0]}(y_i)^{1-d_i}$$

となります．ちなみに

$$p(D|\alpha, \beta) = \int_{-\infty}^{\infty} \cdots \int_{-\infty}^{\infty} p(D, \mathcal{Y}|\alpha, \beta) dy_1 \ldots dy_n$$

となっています．

d) $\mathcal{Y}$ が観測されたとすれば，尤度 $p(D, \mathcal{Y}|\alpha, \beta)$ で (α, β) に依存している部分は，単回帰モデルの尤度で $\sigma^2 = 1$ としたものと同じです．したがって，α と β の条件付事後分布は

$$\alpha|\beta, \mathcal{Y}, D \sim \mathcal{N}\left(\frac{n\hat{\alpha} + \tau_\alpha^{-2}\mu_\alpha}{n + \tau_\alpha^{-2}}, \frac{1}{n + \tau_\alpha^{-2}}\right)$$

$$\beta|\alpha, \mathcal{Y}, D \sim \mathcal{N}\left(\frac{\sum_{i=1}^{n} x_i^2 \hat{\beta} + \tau_\beta^{-2}\mu_\beta}{\sum_{i=1}^{n} x_i^2 + \tau_\beta^{-2}}, \frac{1}{\sum_{i=1}^{n} x_i^2 + \tau_\beta^{-2}}\right)$$

となります．よって，$(\alpha, \beta, \mathcal{Y})$ のモンテカルロ標本を生成するデータ拡大法は次のように与えられます．

ステップ 1 $(\alpha, \beta, \mathcal{Y})$ の初期値 $(\alpha^{(1)}, \beta^{(1)}, \mathcal{Y}^{(1)})$ を決める

ステップ 2 $p(\alpha|\beta^{(r-1)}, \mathcal{Y}^{(r-1)}, D)$ から $\alpha^{(r)}$ を生成する

ステップ 3 $p(\beta|\alpha^{(r)}, \mathcal{Y}^{(r-1)}, D)$ から $\beta^{(r)}$ を生成する

ステップ 4 $p(y_i|\alpha^{(r)}, \beta^{(r)}, d_i)$ から $y_i^{(r)}$ を生成する

ステップ 5 収束したと判定されるまでステップ 2～4 を繰り返す

文　献

1) 甘利俊一・竹内　啓・竹村彰通・伊庭幸人編,『計算統計 II—マルコフ連鎖モンテカルロ法とその周辺』, 岩波書店, 2005.
2) 伊庭幸人,「マルコフ連鎖モンテカルロ法の基礎」, 甘利俊一・竹内　啓・竹村彰通・伊庭幸人編,『計算統計 II—マルコフ連鎖モンテカルロ法とその周辺』第 I 部, 岩波書店, 2005.
3) 大森裕浩,「マルコフ連鎖モンテカルロ法の基礎と統計科学への応用」, 甘利俊一・竹内　啓・竹村彰通・伊庭幸人編,『計算統計 II—マルコフ連鎖モンテカルロ法とその周辺』第 III 部, 岩波書店, 2005.
4) 大森裕浩・和合　肇,「マルコフ連鎖モンテカルロ法とその応用」, 和合　肇編,『ベイズ計量経済分析—マルコフ連鎖モンテカルロ法とその応用』第 2 章, 東洋経済新報社, 2005.
5) 木島正明・小守林克哉,『信用リスク評価の数理モデル』(シリーズ〈現代金融工学〉8), 朝倉書店, 1999.
6) 里吉清隆,「マルコフ・スイッチングを含む確率的ボラティリティ変動モデル」, 和合　肇編,『ベイズ計量経済分析—マルコフ連鎖モンテカルロ法とその応用』第 12 章, 東洋経済新報社, 2005.
7) 繁桝算男,『ベイズ統計入門』, 東京大学出版会, 1985.
8) 鈴木雪夫,『統計学』(新数学講座 11), 朝倉書店, 1987.
9) 中妻照雄,「状態空間モデルのベイズ分析」, 田中辰雄・中妻照雄編『計量経済学のフロンティア』第 4 章, 慶應義塾大学出版会, 2006.
10) 和合　肇編,『ベイズ計量経済分析—マルコフ連鎖モンテカルロ法とその応用』, 東洋経済新報社, 2005.
11) 渡部敏明,『ボラティリティ変動モデル』(シリーズ〈現代金融工学〉4), 朝倉書店, 2000.
12) 渡部敏明,「マルチ・ムーブ・サンプラーを用いた確率的ボラティリティ変動モデルのベイズ推定法」, 和合　肇編,『ベイズ計量経済分析—マルコフ連鎖モンテカルロ法とその応用』第 9 章, 東洋経済新報社, 2005.
13) 渡部　洋,『ベイズ統計学入門』, 福村出版, 1999.
14) Jeffreys, H., *Theory of Probability*, 3rd ed., Oxford University Press, 1961.

索　引

ア　行

安全資産　90

意思決定
　不確実性の下での――　17
位置パラメータ　93
一様分布　50
イールド・スプレッド　27
インプライド・ボラティリティ　93
AR(1) 過程　135
HPD 区間　69, 128
M-H アルゴリズム　163, 174
MCMC 法　13, 121

カ　行

確率　16
確率過程　133
確率関数　47
確率的ボラティリティ・モデル（SV モデル）
　11
確率分布　19
　代表的な――　15
確率変数　19
仮説　73
仮説検定　61, 72
カーネル　50
ガンマ関数　148
ガンマ分布　88

棄却サンプリング連鎖　166, 168
危険資産　90
基準化定数　50
擬似乱数　129
期待収益率　92

期待損失　62
期待値　20
ギブズ・サンプラー　146, 150, 152
帰無仮説　76
逆ガンマ分布　148
逆変換法　131

区間推定　61, 68

サ　行

最高事後密度区間　70
採択棄却法　131

事後オッズ比　75
事後確率　36, 69, 120
自己相関　137
事後分布　7, 36, 103
指示関数　51
事象　32
2 乗誤差損失　61
指数分布　88
事前オッズ比　75
事前確率　35
事前情報　7, 35
事前分布　7, 35, 98
尺度パラメータ　93
周辺尤度　9
条件付確率　33
詳細平衡条件　164
信用区間　69, 128

推移核　133
酔歩連鎖　166

正規分布　91

索引

絶対誤差損失　61
切断正規分布　176
0-1 損失　61
尖度　156

損失関数　22, 61, 110

タ 行

大数の法則　122
対立仮説　76
多重連鎖法　143
単一連鎖法　143
単因子モデル　118, 176
単回帰モデル　118
単純仮説　73

中央値　65, 120

提案分布　131
定常分布　137
t 分布　154
データ科学　4
データ拡大法　154, 160
データ・マイニング　2
点推定　61

独立連鎖　165, 166

ハ 行

ハイパー・パラメータ　99
白色雑音過程　137
パラメータ　4, 47
バーンイン　142

ヒストリカル・ボラティリティ　148
標本　4

複合 MCMC 法　175
複合仮説　73
物理乱数　129
不変分布　137
ブラック–ショールズの公式　94
プロビット・モデル　177

平均　64, 120
平均分散アプローチ　113
ベイズ統計学　5
ベイズの定理　7, 31, 34, 48, 57
ベイズ・ファクター　75
ベイズ分析　5
平方完成　100
ベータ関数　54
ベータ分布　58
ベルヌーイ試行　12, 45
ベルヌーイ分布　47

ポアソン分布　87
母集団　4
ボックス–ミューラー法　130
ポートフォリオ　109
ボラティリティ　92

マ 行

マルコフ連鎖　132
　——サンプリング法　132, 143
　——における大数の法則　138
　——における不変分布の存在　138
　——の不変分布への収束　138
　——モンテカルロ法（MCMC 法）　13, 121

メトロポリス–ヘイスティングズ (M-H) アルゴリズム　162

目標分布　131
モード　65
モンテカルロ近似　126
モンテカルロ標本　125
モンテカルロ法　125

ヤ 行

尤度　8, 56, 104, 148

予測分布　41, 82, 103, 121

ラ 行

リスク　21

著者略歴

なかつま てる お
中 妻 照 雄

1968年　徳島県に生まれる
1991年　筑波大学第三学群社会工学類卒業
1998年　ラトガーズ大学大学院博士課程修了
現　在　慶應義塾大学経済学部准教授
　　　　Ph.D.（経済学）
主　著　『ファイナンスのためのMCMC法によるベイズ分析』
　　　　（三菱経済研究所，2003）

ファイナンス・ライブラリー 10
入門 ベイズ統計学　　　　　　　　定価はカバーに表示

2007年6月10日　初版第1刷
2022年4月25日　　　第11刷

　　　　　著　者　中　妻　照　雄
　　　　　発行者　朝　倉　誠　造
　　　　　発行所　株式会社 朝　倉　書　店

　　　　　　東京都新宿区新小川町 6-29
　　　　　　郵 便 番 号　162-8707
　　　　　　電　　話　03(3260)0141
　　　　　　Ｆ Ａ Ｘ　03(3260)0180
〈検印省略〉　　https://www.asakura.co.jp

Ⓒ 2007　〈無断複写・転載を禁ず〉　　中央印刷・渡辺製本

ISBN 978-4-254-29540-5　C 3350　　Printed in Japan

JCOPY　＜出版者著作権管理機構　委託出版物＞
本書の無断複写は著作権法上での例外を除き禁じられています．複写される場合は，
そのつど事前に，出版者著作権管理機構（電話 03-5244-5088, FAX 03-5244-5089,
e-mail: info@jcopy.or.jp）の許諾を得てください．

好評の事典・辞典・ハンドブック

書名	著編訳者	判型・頁数
数学オリンピック事典	野口 廣 監修	B5判 864頁
コンピュータ代数ハンドブック	山本 慎ほか 訳	A5判 1040頁
和算の事典	山司勝則ほか 編	A5判 544頁
朝倉 数学ハンドブック［基礎編］	飯高 茂ほか 編	A5判 816頁
数学定数事典	一松 信 監訳	A5判 608頁
素数全書	和田秀男 監訳	A5判 640頁
数論＜未解決問題＞の事典	金光 滋 訳	A5判 448頁
数理統計学ハンドブック	豊田秀樹 監訳	A5判 784頁
統計データ科学事典	杉山高一ほか 編	B5判 788頁
統計分布ハンドブック（増補版）	蓑谷千凰彦 著	A5判 864頁
複雑系の事典	複雑系の事典編集委員会 編	A5判 448頁
医学統計学ハンドブック	宮原英夫ほか 編	A5判 720頁
応用数理計画ハンドブック	久保幹雄ほか 編	A5判 1376頁
医学統計学の事典	丹後俊郎ほか 編	A5判 472頁
現代物理数学ハンドブック	新井朝雄 著	A5判 736頁
図説ウェーブレット変換ハンドブック	新 誠一ほか 監訳	A5判 408頁
生産管理の事典	圓川隆夫ほか 編	B5判 752頁
サプライ・チェイン最適化ハンドブック	久保幹雄 著	B5判 520頁
計量経済学ハンドブック	蓑谷千凰彦ほか 編	A5判 1048頁
金融工学事典	木島正明ほか 編	A5判 1028頁
応用計量経済学ハンドブック	蓑谷千凰彦ほか 編	A5判 672頁

価格・概要等は小社ホームページをご覧ください。